CAFE
Coffee

不上班咖啡館

古典 著

高寶書版集團

推薦序1

勇敢做出人生好選擇

美國詩人羅伯特．佛洛斯特（Robert Lee Frost）寫過一首詩〈未行之路〉，其中一段是：「樹林裡分出兩條路，我選擇了人跡罕至的一條，從此決定了我一生的道路。」

這段話講的其實是人生選擇問題。有句俗語叫「魚與熊掌不能兼得」。我們人生的每個選擇，就像選擇面前的道路一樣，選擇了這個方向，就不能往另個方向。一個例子是：你選擇住在北京，就不可能同時住在上海；你選擇到美國留學，就不可能同時到英國留學。所以選擇的過程，其實也是放棄的過程。那該怎麼做出受益終身的選擇呢？

我的觀點是：這是做不到的。沒有人能一下看透人生，像我們普通人，能看到未來兩、三年就了不得了，過好這兩、三年，能跟一輩子想要做的事連結起來很好，但連不起來也很正常。

這就像找公司合夥人一樣，我找到了徐小平、王強一起成立新東方，我們做得很好，一直把新東方做到了上市。但此後，我們就面臨另外一個選擇。我們知道，新東方上市以後，我們再繼續以合夥人身分，繼續把新東方做下去，卻已經不可能像原來那樣親密無間了。因爲在新東方變革的過程中，我們經歷了一輪又一輪利益紛爭，一輪又一輪意見衝突，最後選擇了分開。我繼續經營新東方，徐小平和王強開拓自己的新事業。後來，他們一起創立了眞格基金，眞格基金的天使投資計畫在中國有響噹噹的名聲，這就是重新選擇。

一種更困難的方式是，你痛苦地發現，你上一個選擇是錯的。這個時候，你甚至要推翻過去的生活，重新做出選擇。過程雖然痛苦，但卻是必須的。

這個道理，在我小時候釣青蛙時就有特別深刻的感悟。釣青蛙的釣竿是沒有鉤子的，只要在繩子末端繫一小塊雞肉，然後把餌放在岸邊稻田裡抖動，青蛙就會以爲這是跳動的小蟲，便一口把牠咬進嘴裡。按理說，在我們把繩子收起來時，其實只要青蛙嘴巴一鬆，就可以跑掉的，但青蛙咬了餌之後，死活不鬆口，直到被我抓到，放進麻袋裡——因爲咬住不鬆口，最後沒了命。

很多人一輩子過得那麼艱難，也是因爲抓住一個東西不願意放手。可能是因爲他們原先付出太多，沉沒成本太大。所以，該放的不放，該捨棄的不捨棄，該堅持的不堅持，這種心態肯定不對。

但更大的錯誤其實是：怕選錯，因而不做任何選擇。

選擇讀本書總比不讀好，選擇去走一萬步或跑五公里總比坐在那裡不動好。

就連你坐在那裡，也是一種選擇，只不過是一種消極懶惰的選擇。人們總在等一個確定的人生意義出現，然後才做選擇。其實人生的絕對意義很難尋找，也幾乎沒有絕對正確的選擇，就連地球從長久來看都是要毀滅的，但是人生的相對意義是可以找到的：如何把自己的一輩子過好，如何把今年過好，如何把今天過好，這種意義和選擇是可以找到的。

古典這本書，講的就是這件事：如何在人生的每個關鍵瞬間，盡可能做好人生選擇。

書裡講了四個年輕人的發展故事，有北漂的小鎮青年，在生活重壓下，尋找自己的方向；有設計師陷入全職媽媽找不到價值感的困境，希望重回職場；有面臨被裁員的工程師，要拚命保住自己的家庭和前途；還有厭倦職場的運營[1]人，要探索一個人的自由職業

1 編註：連結產品與客戶的職位，主要工作內容為：拉新（提升新客戶數量）、留存（在特定時段內留住現有客戶）與促活（促進客戶活躍程度）。

之路。

這都是身邊普通上班族遇到的常見人生困境。在這些困境裡，他們都需要重新選擇。故事裡，他們遇到一家神奇的咖啡館，在和胖子老闆的一次次對話裡，透過十二張覺醒卡工具，他們看清了自己，認清了世界，做出了更忠於內心的選擇，活出自己的精采人生。

這本《不上班咖啡館》，也是「上班族的十二個覺醒時刻」。因爲要做忠於自己的選擇，首先要從別人給你的選擇裡醒來，變成自己的主人——變成你工作的主人，變成你心靈的主人，甚至變成你老闆的主人。

這其實也是古典當年做出的選擇。古典原來是新東方一名優秀的GRE[2]老師，當他看到「幫助更多人做出選擇」這個方向，就離開了待遇優厚的新東方，活出自己獨特的精采人生，做了自己人生的主人。

工作是人生的一部分，但人生不是工作的一部分。生命過程裡，我們追求的是人生的濃度，像茅台酒一樣熱烈的濃度；追求的是人生的高度，像聖母峰一樣的高度。人生有多

2 編註：由私立的美國教育考試服務中心（ETS）主辦的考試，用於申請美國與其他國家研究所時，評估考生的語文、數學和寫作能力。

長不是我們思考的問題，我們能做的只是鍛鍊好身體，延長生命的長度。但更重要的，是人生的溫度，我們是否將每一天都過得精采？這個星期過得精采嗎？回顧自己的人生，你覺得精采嗎？面對未來十年、二十年，你覺得自己能夠創造更加精采的生活和未來嗎？

期待你讀完這本書，聽見那個來自內心，激動人心的聲音。

俞敏洪／新東方集團創始人

推薦序2

那個溫暖的胖子

前段時間，古典跟我說，他要寫一本關於職場的小說。就像我們心理學界共同的英雄歐文．亞隆（Irvin D. Yalom）一樣，「用故事說話」。

除了他在職業生涯規劃領域眾所周知的地位，古典還是一個愛講故事的人。他會講很多有趣又富有哲理的故事。但他沒寫過小說。同樣作為一個寫書的人，我深知寫一本小說有多難。你沒有辦法用熟知的知識和道理來作為小說的框架。小說需要的是人物、場景、對話，以及非凡的想像力。你需要克制頭腦中理性的部分，去進入感性的世界。你需要去理解人。

好在這並沒有難倒古典。就像他最愛的旅行方式是到各地冒險，這本書也是他在寫作領域的冒險。從《拆掉思維的牆》開始，古典已經寫了很多暢銷書，但他喜歡嘗試新的東西。「總是重複自己有什麼意思！」他說。

現在，這本書已經放到了你面前。

我讀這本書，覺得它像職場版的《解憂雜貨店》，寫的是四個上班族的覺醒故事——迷茫的小鎮青年、缺乏價值感的全職媽媽、科技業大公司工程師和自由工作者的故事，他們都走進了一間神奇咖啡館，遇到胖子店長。透過與胖子店長的對話和在現實中的嘗試，他們逐漸找到了自己新的發展空間。書裡出現胖子的那一刻，我就認出了這是古典本人，一樣地博學，一樣地熱心，一樣地犀利，一樣地俠義心腸。

同樣，我也一眼就認出了那幾個遭遇職場困惑的人。他們不是一個人，而是一群人。如果你也遭遇了職場的困境，你也一定能從這些人身上，看到自己的影子。某種程度上，這些人所遭遇的，不只是個人的職業發展問題，也是時代變動為每個人的自我發展所帶來的困惑。這是職場的時代病。而古典用這間神奇的咖啡館，開出了時代病的處方，用故事，跟這些人一起探索出路。

我一直著重關注的領域，是人的自我轉變。具體來說，是人如何透過新舊自我的更替，在迷茫中重新找到自己。我經常遇到古典書裡所寫的這些人，我也相信古典的這本書會幫到很多人。

和轉變的歷程一樣，這幾個人的故事有一個共同的主題：尋找。每個人都在生活中尋找自己更好的樣子。工作，是這個自我最重要的載體。他們要進入未知的領域，去探索他們所不了解的自己。而古典和他的書，是安插在那個未知領域的自己人。他了解職場，也了解你的困惑。就像在不上班咖啡館爲每個迷茫之人遞上一杯熱咖啡的胖子，他是很多面臨轉變之人的守護者。

我曾跟古典進行了一場有趣的線上辯論：在職場，人到底能不能做自己。我作爲反方選手，所持的觀點是「不能」。作爲一個沒有太多職場經驗的自由工作者，我覺得職場總是在異化人、犧牲人的自主性和創造力。作爲正方選手，古典的觀點是「能」。他客觀、中立地說了一些職場的好處。因爲職場天然的缺陷和很多人對職場的不滿，那天有不少觀衆站在了我這一邊。

看這本書的時候，我發現古典用一個故事，回應了我們那天的辯題，那就是〈掉進糞坑裡的００７〉。００７因爲失誤暴露了自己，遭到了追殺。在前有阻截、後有追兵的情況下，他發現有個糞坑可以躱。於是，他毫不猶豫地跳了進去。他憋著氣，敵人在上頭走來走去，最終沒有發現他。

當敵人終於撤退，007從糞坑裡濕淋淋地爬出來時，他是會怪罪生活讓他前一秒還風光無限，後一秒卻如此狼狽，還是會慶幸自己躲過一劫？如果古典真的是007，大概會是後者。

古典用這個故事來回應，職場的缺陷其實不僅是職場的缺陷，更是現實的缺陷——沒有完美的現實。我們都需要面對與接納現實，在不完美的現實裡，尋找一條生路。而有時候，職場就是這樣的現實。

我覺得他說得對。他沒用道理說過我，卻用故事說服了我。這本書裡有很多這樣的故事。而我最喜歡的，是他最後所講的卡夫卡的故事。卡夫卡得了肺結核，在他生命的最後時光，遇到了一個弄丟了娃娃的小女孩。小女孩在那裡傷心地哭。他告訴那個小女孩，娃娃沒有丟，只是去旅行了。

然後，卡夫卡就以娃娃的口吻，寫信給小女孩，告訴她旅行的見聞。最後，病重的卡夫卡寫了一封告別信，告訴小女孩，娃娃要去南極探險了，再也無法回信了。可是，探險意味著世界上有很多的偉大，等著被發現。

古典說：「和心愛的事物告別，獨自面對危險的人生，是每個成年人都要經歷的事。故事沒有改變這個事實，卻把這個突然的墜落鋪墊成了溜滑梯。在善意鋪成的溜滑梯上，失去和成長不再可怕，甚至有些快樂和刺激……藉由一個又一個故事的鋪墊，下落的重力變成了向前的衝力，昨日的失去變成了明日的追尋。」

這就是故事的意義。一個故事有用，是因爲它蘊含這樣的善意。而古典的這本《不上班咖啡館》，就擁有這樣的善意。因爲這種善意，我相信會有一個不上班咖啡館存在，相信在你困頓迷茫的時候，會有一個善良的人遞給你一杯熱咖啡，也相信了這個溫暖的胖子，想要透過這本書告訴你的道理。

幫你在職場重新找回自己的道理。

陳海賢／知名心理諮詢師

推薦序 3
當小紅馬醒來

在某個時刻，古典發明出他的工作——職業生涯諮詢。我忘了準確時間，因爲這未必只是從他二〇〇七年創業的那天算起；說「發明」，因爲他對這一行的理解和行動，是不大一樣的。

好吧，先用極端形式模仿一下對職業生活的常見抱怨：在職場裡上班，正取代在地獄裡推石頭，成了愁苦人生的新象徵。沒班可上的時候惶惑，有班的時候又痛苦，痛苦於爲如此微薄的薪水失去了自己，同時，又恐懼無法繼續感受這份痛苦的機會。

在辦公大樓開放的工作空間裡，一切行動和流程都被切割，你不知道自己在做的這件事的來龍去脈，也不信它有什麼價值。你卻要假裝信那些註定失敗的結構調整，假裝相信上司言不由衷的許諾，直到大家全都明瞭彼此其實都不信任，就發明出一套話術，用來在會議上「扯淡」，用來預防不愼說出心裡話的追悔莫及。你看到一群聰明人在花樣百出地做蠢事，眼前已無餅，頭上仍有鍋……

爲了討生活而無法繼續生活，這眞是個冷笑話。然而，這種荒誕的呻吟是眞切的。我們調大音量，讓它形成語音：說到底，人不自由，然而，人要是不信自己還有某種程度的自由，就無法感到尊嚴，甚至無法活著。

這就是這般看似體面職場的陰慘所在：它在淸晰地提示你有多麼不自由。曾經，我們以爲熬過了白天就可以不再像薛西弗斯一樣，能拍拍手，坦然地走上回家的小路，把這段被奪取的時間從生命裡遮蔽，擁有一小段自己的生活。然而，在一切變得抽象以後，只有指紋打卡技術越發成熟，或凌晨以後仍然不斷跳出來的未讀訊息數則。是的，對不自由的提醒既淸晰又不間斷。

在物質發展和技術空前高漲的年頭，生活品質下降，只爲生存。傳來傳去的職場規則短影片，無非是勉從虎穴的生存術，說的人和學的人都懂得這是在加深錯誤，把旁人推入深淵，也使自己因冷漠而非人，或者說，被社會潛規則潛移默化。

相關的另一個冷笑話是：森林裡，兩個人見熊來了，一起逃跑。跑著跑著，一個問另一個：「我們也跑不贏熊啊！」另一個答：「誰要跑贏熊，我要跑贏你。」然而，誰告訴他熊這次只打算吃掉一個人呢？

這不是職涯諮詢這個行當能獨立回答的絕境。然而，我清楚地記得，大約一年半前，古典瞪著大眼睛盯著我，說：「一個人能不能在職場裡真實地活出自己？我打算來寫一本書，回答這個問題。」

我對他的專業領域一無所知，然而我相信眼前這人能做這件不太可能成真的事。

他是個怎麼說就怎麼活的人。在做職涯諮詢教練第三年的時候，他出過一本至今影響頗大的《拆掉思維裡的牆》，其中說「這個時代（此書初版於二〇一〇年）的玩法，就是找到熱愛的領域，成為極限運動員」、「有意思比有意義更重要」、「真誠比智慧重要」、「人其實並不需要那麼多的意義和模型……你要找的，是現在最有感覺的那一個」。這些段落讓我覺得那本書不該被書店擺在「職場．成功學」的架子上，他強調的是把人從目的明確的手段裡解放，去尋找和感受自己的生活。

當然，這很難，多少人寧願一直受苦也不肯面對這種難。古典的職業規劃方法論是從人生的根部釋放潛能。

而他好像是從來就在這樣生活，至今也在這樣生活，多年來不購置固定資產，不在意「風口」，放任它們飛起又落下。他談論項目，問的是「這件事好玩嗎？要不要一起來玩」。而且常常一連十幾天找不到人，跑到戈壁上去野營，騎越野摩托車，在我看來，那些行動缺少必要的安全措施，隨時可能馬革裹屍。

這些從野地裡和太陽底下得出來的經驗又讓他感慨：自己和頂級高手的差距「不是能力，而是價值觀」，那種價值觀的基礎是不計後果的狂熱。

他常說的是，大部分人覺得活得沒意思，不是因爲生活沒意思，而是因爲他們只在自己的舒適圈裡。要做職業規劃，得先探索自己的價值觀到底是什麼，而無論是什麼，「能對周圍的人、對這個世界、對社會有價值，是人很重要的標誌」。

一年多以前，我請他開一場關於職業的直播。提問者還是老問題：「大學畢業以後，覺得能找到的工作都很無聊，怎麼辦？」他眨著大眼睛微笑著回答：「先去上班就對了，現在能找到什麼工作算什麼工作，先做再說。」

提問的年輕人也許未必滿意這個和自己的家人差不多的回答，特別還是出自古典口中。直播結束後，他低聲說：「現在的情況，不先找個事情做的話，會因爲長期的空閒失去行動力。」

半年前，也是一個節目裡，他說最近有點喜歡自己創辦的組織了，這話讓我驚異：創辦人難道會不喜歡自己的公司嗎？這是可以公然說出來的嗎？

不知道我說清楚了沒有，雖然我對職涯諮詢一無所知，但是我相信古典的誠懇，他所說的，即是他所奉行之事。而且他一直在體察變化，體諒來訪者。於是，幾個月前，古典說：「自己從前寫的那幾本書，說的是那時的環境。在當下，需要用另一種方式，和正在職場裡彷徨打轉的人說話。設定一個場景和幾個有代入感的人物，講講故事怎麼樣？你看啊，職場裡常見的問題無非是這麼幾類……」

我印象裡，他那段時間大約是每天早起寫作，再去上班，中間改過幾版寫作架構，直到現在的這本《不上班咖啡館》才定下來。當然，中間他也不時中斷書稿寫作進度，四處騎行歷險。

且說這「覺醒」。覺醒是大大小小的開悟。人，起碼是故事中人，「漸悟」和「頓悟」並沒有區別。一切內生的、重要的改變都需要必不可少的堆積和演化，一切也都需要偶然或突然的棒喝，所謂頓漸之分，無非是觀測問題。

比如，點亮一盞燈要獲得火種，也要早早備下燃料。眞正可惜的是拒絕再去感受、再去改變，只剩下一堆散亂的情緒和壓力式的反應，關閉了超出自我的機會，或者將一切能量盲目地投注在自己厭惡的牌桌上。

如今有一種常見尷尬是，從前的舒適圈，此時剝落了鍍金，現出了牢籠的本相——這裡我不是說不清楚，是不能說得再清楚。然而，卽便感受不到意思的工作，卽便是發現自己是籠中鳥，也仍然不要放棄感受和思想，這是知道自己在活著的唯一選擇。

「工作中的人」和「生活中的人」原本也是一個連續的人。燈抽去了芯，變成了石頭，石頭當然不死，那是因爲它沒活過。

古典常說的一句話是「無非是借假修眞」，做一份引導他人漸悟或頓悟的諮詢，成立一家自己也未必喜歡的機構，大約也是他在修自己。

何況，古典並不像我這麼悲觀。他在故事裡化身胖子老闆，把故事中人（以及讀者）的問題連結了行業、職業分析，並在各個階段裡發出了十二張「覺醒卡」、十二份覺醒之後的地圖。

在第二個故事裡，胖子老闆發了張覺醒卡給一位從前的優秀設計師、如今苦惱不堪的全職媽媽：「好的人生玩家在角色順利的時候，深深入戲；但當角色受挫，能跳出遊戲，改寫劇本。」

在差不多完稿的時候，古典在他的「新精英生涯」辦公大樓外抽菸，跟樓下餐廳後廚走出來的大姐借了火，並講起書中那個小紅馬的故事給我聽：農夫因為天冷，飼料短缺，不得不殺掉農場裡的動物，作為補償，每個動物可以被滿足一個願望。

最後輪到了小紅馬。小紅馬的願望是「我不喜歡這個故事，我要去別的故事」，便撒開馬蹄，跑進了曠野。他說，這個故事是這本書的種子，我該把它放在哪裡呢？他把這個故事講給了那個年輕的媽媽聽，好讓她將來也講給她的女兒聽。

眞正的問題從來不是「上班還是不上班」或「找個什麼樣的工作做」，我們沒必要如此收窄對自己的想像，直到把自己鎖死在一份工作裡，我們甚至也不是被鎖在固定的人生故事裡。

從這本《不上班咖啡館》裡醒來，再次相信自由是可能的，前往一個更好的故事。

賈行家／知名作家

Chapter 1

上班族的覺醒

找到定位、選對公司，帶著優勢切趨勢

目錄
CONTENTS

目錄
CONTENTS

Chapter 3

轉職關頭的覺醒
理解工作價值，找回你為何堅持到現在的初心

目錄

CONTENTS

Chatper 1

上班族的覺醒

找到定位、選對公司，帶著優勢切趨勢

01 下班後，才是上班族的覺醒時刻

在北京上班的只有兩種人，一種在這城市裡挖到了金礦，一種在這裡弄丟了自己。小明屬於第二種。

晚上八點半，同事早走得七七八八，小明吃完晚餐，又加了一會班，才從辦公室離開。雖然看起來很忙，但他其實沒有什麼必須在今天完成的事——他只是不喜歡擠在人山人海的交通尖峰時段回家。

對他來說，早點回家並不重要，反正也只是自己一個人在房間裡叫外送來吃而已。

這是個清瘦的男孩，一件米黃色的長袖T恤套在身上，有些空蕩；頭髮略捲，眼神溫柔，嘴唇有點薄，也許是常年微微緊張抿著的緣故。此刻，他關掉電腦螢幕，穿上天藍色厚羽絨外套，一走出公司，新鮮的冷空氣便撲面而來。

冬天的夜，寒冷又神祕。小明踏出的大樓，位於北京著名的CBD（中心商業區）。商圈緊鄰三環，有十幾棟大大小小的白色高樓，加上樓下的徒步區、綠化區和中小型店舖，自成一個小世界。

每天早八時分，人群從三環路和地鐵裡擁出，像潮水一樣灌進大樓，漫過每個樓層、每個辦公室。傍晚六點後，他們又像退潮一樣無聲消失，大樓變成海裡的礁石，黑暗又沉默。偶爾能看到一些發亮的招牌嵌在某層樓的玻璃裡，那是還在營業的餐廳、小酒吧或按摩會館，像落在礁石上的海星。

小明選擇這時回家，還有兩個理由。一是此刻的天橋——站在橋上俯身探望，能看到三環路上川流不息的車道，像一條閃光的大河。河的兩岸，大型商場和飯店像碼頭一樣燈火通明，不斷有船隻停泊和出發；回望辦公樓，黑色的建築物像懸崖一樣神祕矗立；而遠處的住宅社區像蜂巢，星星點點，那是一個個人家；每盞燈下都有人，人們在吃晚餐、看電視、朋友聚會、酒局應酬、獨自散步、商品買賣……萬家燈火下，這城市在重新生長，孕育出一切可能。小明熱愛這生機勃勃，就是這種可能性，讓他從老家的一個西南小鎮，來到北京。

另一個理由是可以餵貓。天暗下來後，野貓才會現身。貓不吃鹹，於是留一半的白飯，拌點小菜，用水泡一泡就是貓食。樓下有幾個野貓聚集地，把貓食放在長椅上，退開兩、三公尺，貓咪們就會不知道從哪裡鑽出來，一邊吃一邊警惕地張望，隨後發出幾聲滿意的讚嘆。這時候小明會覺得沒那麼孤獨。他忍不住想，如果有一天自己離開了，貓咪肯定比同事更傷心吧。

不過，今天這隻小黑貓很不一樣。牠耳朵直立，長著琥珀一樣的黃眼睛，步伐安穩，沒有流浪貓的鬼祟，也不怕人。牠側身蹭著小明，跳上長椅，聞了聞貓飯，一口都沒吃，又跳了下來。走出沒幾步停下來，回頭看看小明，叫了一聲。那意思是：這吃的都是什麼啊，你跟我來。

嘿，你這傢伙！小明一下子有了興致。小貓不緊不慢地走，屁股一扭一扭。小明跟在後面，口裡輕喚：「小黑小黑（心裡其實替貓取好了名字），你去哪啊？」不知不覺，他已經走到園區最裡面的一棟大樓前，這裡和地鐵出口方向相反，他很少來。

小黑跳上一張放著便當盒的長椅，駕輕就熟地開吃，偶爾還回頭瞥一眼，好像說：「你看，這才叫貓飯！」

小明輕輕地走上前，想看看牠在吃什麼，卻是先看到了蓋子上寫著：不上班咖啡館。

不上班？名字不錯。不過，不上班，你養我啊？！

他左右看看，發現身後的一樓店面，赫然就有一塊黃藍相間的招牌，閃著幾個字：不上班咖啡館。

順著招牌往下看，竟還站著個中年男人，他寸頭黑髮，身材微胖，看上去四十多歲，上身穿一件捲起袖口的紅T恤，下面則是一條水洗藍的老舊牛仔褲。

此時，這胖子正抱著手臂斜倚門框，一邊抽菸，一邊滿足地看著小黑溫柔地微笑。讓人感到反差的，是這人看體型是個壯漢，卻長著一雙小孩子的眼睛。

胖子見到有人看他，抬抬下巴，算是打招呼。

「你是……這間店的，呃，老闆？」

「是，剛開門，我晚上九點開門，先出來餵一下貓。」

「咖啡館的名字怪有趣的。爲什麼現在才開門啊，你們主要是做宵夜場嗎？」

「不，我主要賣咖啡。因爲**下班後，才是上班族最清醒的時刻**。」胖子眨眨眼。

「會有人來嗎？」

「來的人還不少，你這不就來了嗎？進來坐一下吧。」胖子像個老朋友一樣招招手，自己先進去了。

小明猶豫了一下，把貓飯放到小黑身邊，進了門。

一瞬間，許巍的歌聲撲面而來：「沒有什麼能夠阻擋，你對自由的嚮往……」

02 發展不是爬梯子，而是攀岩

小明環顧四周，這是一家環境蠻舒服的咖啡館。寬大厚實的原木板做成的櫃檯，一看就是用了很多年，邊角被磨得發光。櫃檯裡放了臺不鏽鋼的咖啡機，上面正烤著杯子，微微冒出水汽。櫃檯後的牆上，掛滿了常用的咖啡和香料，上面的木格子則擺滿了各種別緻有趣的小玩意，像《航海王》公仔、各種昆蟲模型、幾塊老化石和五顏六色的徽章，還有一牆的老式手搖磨豆機。房間裡彌漫著烘焙咖啡豆的味道。

轉頭一看，整個咖啡館也就不到三十平方公尺，大概能坐十個人。中間區域是四張厚橡木做成的圓桌，桌上擺放了金色燈繩的復古綠檯燈，四周圍繞黑棕色的藤椅凳。靠牆的一邊，則是三張卡座沙發。

整個室內的燈光不太強，牆上還打了點黃色氛圍光，正中間掛了一幅版畫，上面畫的是一隻小熊在騎摩托車，整個布置像某個圖書館的一個咖啡角，讓人感到安定。

「喝點什麼？」

小明轉過身，看到櫃檯上的小黑板上寫滿了咖啡品名。

咖啡

理想主義花朵……………一六〇元[3]

可以不上班……………一六〇元

自由職業花園……………一七〇元

平衡之道……………一七〇元

送你一顆子彈……………一二五元

超級個體……………一六〇元

3 本書所有幣值已換算成新臺幣。

茶與小吃

專業餡餅披薩…………八〇元

摸魚也累炸薯條………一七九元

……

光是看到價錢，小明就不會買單。這已經是他一頓有點奢侈的午餐錢了。前幾年，他也許還會腦衝地點單，但這幾年經濟衰退，他所在的廣告行業不景氣。該花的要省著點花，不該花的更要克制。小明愛喝咖啡，但濾掛咖啡味道也不差啊，一包也就二十元，沒必要去買星巴克或瑞幸。況且現在是週五下班後——如果是個安逸的週末，點杯咖啡在這裡坐一個下午，倒也值得。

「不用了，我就隨便看一下。」小明連忙擺手。

「我請客，我們會送每位首次來的客人一杯免費咖啡。」胖子老闆微笑著做了個「請」的手勢，示意他坐下，自己便跑到咖啡機後，過了一會兒，一陣香氣飄了過來。幾分鐘後，一杯咖啡端到小明眼前。「鎮店之寶，理想主義花朵咖啡。」

小明實在不好意思拒絕，端起杯子抿了一口，算是接受了胖子的好意。不過不能喝太多，要不今晚一失眠，好不容易等來的週末賴床時間就沒了。

這沉默有點尷尬，小明只好隨便找個話題，「老闆，爲什麼你這家咖啡館要叫『不上班』啊？」

「不上班好啊，上班這麼累，難道你喜歡上班嗎？」

「當然不喜歡，誰會喜歡上班啊。都是爲了生存啊。」

「眞的沒別的辦法嗎？你們這一代年輕人，眞要回到家裡躺平，恐怕也餓不死吧。」

也不是眞的沒別的辦法，小明想。他還眞有另外一條退路——回老家。

放在兩年前，小明從來沒有想過這條路。他在這家廣告公司做五年了，這些年，他的職涯一直發展得很順利，雖然這是個小公司，在業內卻很有自己的特色。小明在這個行業摸爬滾打，靠著努力和勤快，從助理變成了業務執行經理（AE，Account Executive）。

大城市的生活新鮮多變，業務上隔段時間就能換個不同行業的客戶，也讓他對各種商業模式大開眼界。他當時想，照這樣一直下去，到了三十歲，他肯定能獨立負責專案，只要有專業技能、有客戶，到時此處不留爺，自有留爺處。

但是從去年開始，廣告業逐漸不好待了，公司的業務量不斷下滑。商家在傳統廣告上花的錢越來越少，開始追求品效合一，追求每個點擊既要有品牌聲量，又要有銷量——要臉又要錢。加上好幾年的疫情影響，戶外廣告業務也掉了一大塊，相關部門都被裁撤了。小明的部門是核心部門，暫時還算安全，但也不是長久之計。他也試過投履歷，但整個行業都不景氣，他又能去哪裡呢？

「上班這件事，要追不要逃，重要的不是不想要什麼，而是弄明白自己想要什麼。」胖子盯著小明眼睛說。

該死，這個胖子怎麼像有讀心術。

「其實，每個人都是這樣。人們花了很多時間思考自己不要什麼，或是萬一失去了已經擁有的東西會怎樣，卻很少花時間去找自己到底想要什麼。上班這麼累，每個人都想逃避，但像這樣每天爬起來又往辦公室跑，是因爲上班能支撐起他們的重要事物——也許是更好的生活、家人的幸福，也許是看更大的世界……我們是爲了這些，才努力工作的。」

「這話是說給那些不努力的人聽的，」小明說，「但我不是，我一直是個追尋自我的人，我知道自己想要什麼，而且一直很努力地去做，該做的事、該學的東西我都在努力做、努力學。但這有什麼用？我待的行業整個不行了，我學的那些東西都沒用了。我還能做什麼呢？」小明忍不住把自己的專業學經歷、來北京的奮鬥史，還有廣告業的變化，都說了一遍給胖子聽。

胖子很認眞地聆聽。聽到小明的奮鬥史，他激動不已；聽到部門被裁了，他也皺起眉，唏噓行業不易。小明想，這胖子雖然和自己不是同個世界的人，但也還挺可愛。

聽完以後，胖子問：「那當時你爲什麼想走這行呢？是自己喜歡嗎？」

是的，小明很喜歡廣告。

小時候，別人喜歡看電視劇，他偏喜歡看廣告。所以考大學時，他義無反顧地報考了廣告傳媒相關學系。但專業課程讓人失望，老師們大多照本宣科，課堂呆板無趣。教材照稿講，簡報按著念。一次，一位老教師打不開文檔，請他幫忙。小明搞了半天發現是檔案格式太老舊。他偷偷留意了一下存檔時間，竟然是八年前——這老師已經八年都沒改過簡報內容了。

在這段求學的灰暗日子裡，唯有一位張老師閃閃發光。他在４Ａ廣告公司待過八年，因爲父親生病才回到這個城市，成爲當地學校的講師。上課時，他會突然放下課本，打開自己當年做的專案，分享自己過往的職業經歷，在那些精采緊張的商業故事裡，課本上枯燥的東西一下子活了起來，這是小明最享受的時刻。

課間，張老師會播放自己收集的「廣告饕餮之夜」集錦影片，讓他們欣賞全球的有趣創意，遇到看不懂的外國哏時，還會爲同學們翻譯講解，講到一半，自己還先笑了起來。一次談到畢業後的就業市場，張老師說：「你們以後一定要出去看看，去大城市開開眼界，體驗一下眞正的廣告魅力！」

他講了一個故事：披頭四樂團的主唱約翰．藍儂有一次被問道：「爲什麼你們從利物浦來到紐約，就再也沒有回去了？」

藍儂回答：「在古羅馬時期，每一個優秀的詩人都要去羅馬，因爲那裡是世界的中心。今天我們要來紐約，因爲這裡是世界的中心。」

張老師說：「你們一定要去大城市看看，因爲那裡是我們某些行業的中心。就算有一天再回來，你也已經見識了世界廣闊，能夠安穩過日子了。」

小明永遠記得張老師說這句話時的神情，他眼睛發光，手指越過階梯教室，斜四十五度向上指向遠方，似乎已經看到了某個畫面。就是這一刻，小明決定要去大城市，進入頂尖公司，看看這精采的世界。

講著講著，心情竟然好了些。雖然解決不了問題，但說出來還是舒服多了。最後，小明嘆了口氣，聳聳肩總結：「我努力地攀爬一座職涯的長梯，還沒爬到頂端，卻突然發現，牆不見了。或許，我爸說得沒錯，上班的盡頭，就是進入公家機關。也許，這就是長大吧。」

胖子用微微一笑接住了這個長大的感嘆，然後對他說：「這些年，你的行業的確不容易。不過你剛剛說，你爬到了梯子頂端，卻發現牆壁消失，所以覺得沒出路了。但你記得張老師嗎？他不就是從廣告公司轉職成老師的？他沒有從事自己當年的行業，而是成爲一名很好的老師，還點燃了你這樣的學生。這是不是意味著，梯子外還有很多種出路呢？」

小明張了張口，無法反駁。

胖子繼續說道：「**職業發展可能並不是一座梯子，而是攀岩**。不僅可以往上爬，還可以橫向走，也可以斜著走。有時上面實在沒有路了，左右看看，縱身一躍，就會有轉機。」

「兩個月前，我遇到一個年輕女生，她是教培行業（提供補習和職業培訓的機構）的運營人員。三個月前，她們這行被中央政策喊停，要求全面停止上課。她從畢業就進入這家上市公司，從基層做起，做到教學運營主管，底下有三百多個員工，前途一片大好。但一夜之間，這些累積就全沒了。她晚上焦慮到睡不著，就想找個地方坐坐。最後，她走進咖啡館，就坐在你這個位置。」胖子指了一指小明坐的椅子。

「我告訴她，行業沒了，職位沒了，但是能力還在啊，妳對人的理解，對流程的熟悉，團隊的管理能力，這些一點都沒丟。而且，職場上對運營的需求不僅沒有少，還會更多，因爲運營本質上就是把產品和人連結在一起，大家都不知道自己要買什麼的時候，恰恰需要妳的能力。」

「道理是對的，但她怎麼知道哪裡會需要這份能力呢？」小明問。

「這個我一會兒會慢慢說。我先跟你說結局吧。前幾天，她告訴我，她有了一份滿意的新工作——在一家新能源公司擔任運營人員。新能源車公司不僅僅有汽車的能源變化，他們也需要透過網路行銷賣車，線上維護和車主的關係，這都需要運營。

你要知道，教培行業的運營是行業內頂尖的，一個運營要維護三、五百人的家長群，群裡答疑要懂教育，銷售課程要懂心理，隨時處理群組的任何投訴和情緒，得抗壓，要情緒穩定。

這種人對新興行業來說簡直再搶手不過了。她很快適應了新環境，還發現之前的能力都用得著。你想，過去能搞定三百個家長的人，現在哄著一群極客大男孩，這簡直是熱刀切奶油，太順滑了。」

胖子做了一個切東西的手勢，把自己逗笑了。

他看著小明：「所以，從梯子上縱身一躍的新出路，是不是很刺激，很好玩，也是一種可能？」

小明聽得入神，他從來沒想過還有這種方式。

「那我該怎麼找到自己的新出路呢？」

「你先喝一口咖啡，這個咖啡是特製的，沒有咖啡因，不會影響你睡眠，但人會清醒起來。記得，下班後，才是上班族最清醒的時刻。」

03 定位＝行業×企業×職位

「那麼，該如何重新找到自己的定位呢？」小明著急地問。

「你想，如果攀岩遇到了大石頭擋路，該怎麼辦？先穩定心情，不要慌，然後觀察一下周圍環境。職業也是一樣，要找新定位，得先看清楚現在的位置。」胖子說，「而世界上任何一個職位，都能透過三個座標，鎖定位置。」

他隨手拿過一張餐巾紙，在上面寫了幾個詞，用「×」連起來。

定位＝行業×企業×職位

「比方說，你現在是『廣告行業×S公司×AE』。我呢，在『餐飲行業的一家小咖啡館做……老闆，兼咖啡師、外送員、陪聊』。那個在教培行業做運營的女生，則是『教培行業×X公司×運營』。總之透過這三個詞，每個人都知道你是做什麼的，這就是你的定位。」

「對，這樣的確能讓人更容易理解。不過這個和職涯發展有關嗎？」

「當你要挪動位置，不能直接跳過去，而是手腳並用，逐步挪過去。」胖子做了一個換手的動作，「當你面臨轉型，也要思考怎麼一步步調整。用這個定位就很方便。一個人從事的行業，代表了他有的『專業知識』，公司代表他有的『人脈關係』，而職位，決定了他的『能力』，這都是我們多年累積的本錢。當我們轉行時，這些能力千萬不要全部都丟掉，否則會讓我們的累積化為烏有。而如果保住其中的一到兩項不變，我們就會既有競爭力，又能應對變化。就像解開一個密碼鎖，先鎖定其中一項，再調動另一項，這樣就很容易解出答案。

用密碼鎖的邏輯思考，你身邊的職業變化就變得更清晰了。你在公司裡，從助理做到AE，就是轉動『職位』這一項；有人行業內跳槽，知識和技能都在，就是只轉動了『公司』這個模組；很多大公司的人，跳到同行小公司做主管，這就同時轉動了『公司』和

『職位』模組──一邊要學習怎麼管理，一邊要適應新的組織文化，就會有更大的難度。

你現在之所以爲難，是因爲行業不行了，你要同時轉動行業、企業和職位，這樣一來，你一個岩點都沒有了。這等於攀岩的時候，整個人騰空而起，一旦抓不到岩點，就會掉下去，所以你僵在這裡，覺得根本沒出路。是不是？」

小明點點頭。他想起一個朋友是傳統製造業工廠的人資，她對心理學很感興趣，一次上心理學課程，聽到「生命是曠野，不是軌道」這句話，徹底被點燃了，立志也成爲心理領域的講師。她辭職後，自學並取得了心理諮詢師認證，又折騰了好幾年，還是沒有成功。最後，當她想回去做老本行的時候，行業認知、人脈和技能都生疏了，終究只能去比以前差很多的公司。

小明把這個故事講給胖子聽，問他：「那她更好的路徑，是不是先去一家心理諮詢機構擔任人資，再慢慢累積講課能力，然後一步步切過去？」

「是的，不過，你的步伐邁得還可以更仔細些。更穩健的路徑是，先去應徵一家心理教育機構的人資職位，在做人資的時候，就有很多機會接觸好的培訓機構，一邊累積資源，一邊培養自己的講課能力。等到合適的時候，加入一家機構做專業講師。等自己的能力累積足夠、個人品牌建立了，再去做自由講師。記得，一次盡量只轉動一個選項。」

胖子拿來一張餐巾紙，寫下這四個步驟，這樣邏輯更加清晰起來：

「對啊！」小明有點興奮，「這樣逐步轉換跑道的選項的確一下子就多起來了。我有點懂你說的『下班後是上班族最清醒的時刻』了。上班族總緊盯著自己的公司好壞和更高職位。但更應該做的，是在大型市場上定位自己。」

「對，淡化公司，淡化職級。每個人的人生，都是獨特的，要去探

定位轉變過程

定位 ＝ 行業 × 企業 × 職位

（行業知識）　（人脈資源）　（能力上限）

｜原來定位｜

製造業 × 國企 × HR

↓ 逐步調整定位

心理 × 教育機構 × HR

↓

心理 × 培訓機構 × 講師

↓

心理 × 個人品牌 × 講師

▲ 換個行業，累積講課資源，換個企業，
培養講師能力和個人品牌、經營能力，成為自由講師。

索和創造，所以生命的確是曠野。但職場是一群人的共識，所以職場是有既定規則的。在我看來，職場是……」胖子轉動眼睛，想找到那個詞，「生命是曠野，但職場卻是網格，需要一步步地切過去。」

「然後，千萬別焊死在軌道上。」

小明搶著說。他們同時笑起來。

「很有啟發，看上去不相關的兩個職位，其實完全是有路徑的。不過我的問題好像比較獨特。」小明皺著眉頭說，「HR每個公司都有，但AE這個職位，在別的行業根本沒有對應職缺。這該怎麼辦呢？」

傳統路徑 V.S. 職業網格

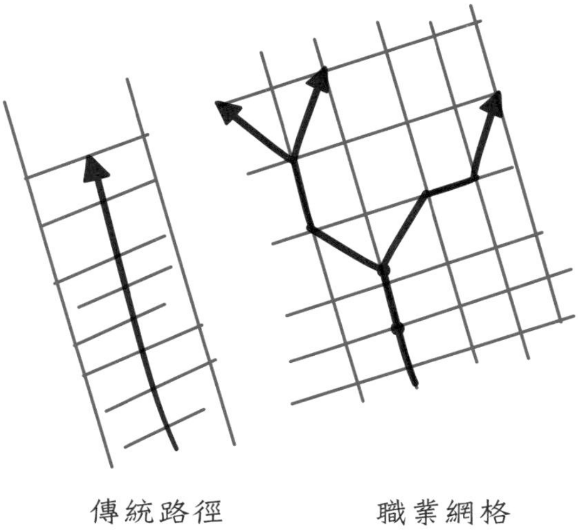

04 萬金油工作也可以是好工作

「方法很簡單，還是拆拆拆，我們繼續拆解『職位』的本質。」胖子信心滿滿。

「每個行業都有獨特的職位，每天也會冒出無數新的職業與職位，可千萬別被那些新名詞迷惑了。雖然職位名稱千差萬別，但**本質來說，它們都是八種職能的組合：市場、銷售、生產和服務、研發、財務、人力、行政、經營管理**。而新職業，常常就是這些職能在不同行業裡的重新組合。比如說以前的圖書編輯，現在叫作圖書產品經理，這頭銜聽起來很厲害吧，其實是過去負責『生產』的編輯，再加一點『市場和銷售』技能。現在，看看你的職位，能拆出什麼職能？」

這麼一說，AE的職位也是能拆解的。剛入行時，小明的主管曾告訴自己：AE客戶執行，是「大客戶銷售＋高級客服＋初級行銷企劃」。他要負責和客戶談單，規劃基礎方案，拿下這張單；然後跟組織策略組和創意組的同事合作，完成整個廣告執行；其間，還要不斷地把客戶的想法，傳遞給後端，達到客戶要的效果；最後，還要負責把專案的成果彙報給客戶。這職位的技能非常多元，要是做得好，既可以不斷地接單，成爲公司合夥人，也可以走專業路線，還可以成爲創意或策略總監，是很多新手入行的第一站。

「應該是這三個職能：銷售、服務和基礎研發吧。」小明說得不太有底氣，「是不是有點像什麼職能都沾一點邊的萬金油？」

胖子一邊搖頭，一邊晃手指：「當然不是。萬金油不是壞事，這證明了你的每種職能都會一些，這樣的職業發展空間就很多了。你會玩遊戲嗎？在遊戲開局選角時，有些角色的能力屬性明確，魔力高的是法師，力量大的當戰士。但有一些角色的能力就很平均，你可以自己設定升級方向，這種角色的好處，就是靈活性很強。」

對對對！小明是《火影忍者》迷，主角鳴人就是最後集齊了五種查克拉，成爲最強火影的。不過想到胖子的年齡，小明忍住沒說。

「職場這個遊戲呢，它也有三種屬性：能力值、專業值、資源值。

前面不是說過八大職能嗎？其中，市場、銷售、財務、人力、行政這些職能，屬於戰士系，主要靠發展能力值。這些職能什麼公司都需要，行業和公司都容易轉換。做銷售的，今天賣房，明天也可以賣車。短影音平臺的主播們更加是什麼都能賣。我一個哥們兒老曾，過去是房地產的策劃總監，二〇一二年那時頒布了房地產調控政策，他們做房地產的每天都在收聽財經新聞，研究政策動向。他突然發現，『跨境電商』這個詞出現在新聞裡的頻率很高，便開始關注這個行業，兩年後，他辭職全力投入跨境電商，現在已經年營收十幾億了。銷售的核心是洞察需求，取得信任，他們是容易跨行的。

財務更是全行業通吃。說到財務，有一位我很尊敬的財務人，他原來是國內電商巨頭的財務長（CFO），事業頂峰之際，卻得了一種不治之症：漸凍症。他辭去所有職務，全力從事攻克漸凍症的研究和創業。」

「是他？」小明想起最近自己讀過他的一本書。

「對，他是了不起的人。他在一種值得尊敬的生命路線上踐行：什麼拯救過你，就用它來幫助更多人。你可以看看他的職業履歷，在加入那家電商巨頭之前，他從事政府的基礎稅務工作，然後做過電子、房地產、快速消費品行業……財務的行業遷移也相對容易。總之，如果你是戰士系，職業能力是你的護城河，一定要守住『職位』。

接下來是專業導向，研發、技術、生產和服務這幾個職能，都需要長期在同一領域深耕學習，具備高專業度，是靠專業吃飯的，屬於法師系。所以，他們往往只在單一行業內發展。比如一名醫生，他可以成爲醫院院長、從事醫藥推廣、就職醫療大數據公司、研究養老保健等工作，但都跳不出醫療行業……行業衰退，對於這群人的影響最大。

還記得我前面提到教培運營的故事嗎？儘管運營可以很容易地轉職改做新能源，但老師們則更多在教培行業內遷移。有人會去做成人教育，有人會選擇中小學生素質培訓。如果你是法師系的，專業知識是你的護城河，要鎖定自己的『行業』。

小明想起自己大學輔導員講的一句話——如果你熱愛一個專業領域，就應該去追求更高學歷。但如果你不喜歡自己的專業，又沒想好做什麼，爲了逃避就業去讀研、讀博，反而會摔得更慘。那個時候小明不理解爲什麼，現在看來，越是投資專業，反而越沒有遷移能力。

這個想法馬上獲得了胖子的認同，「對對對，沒想認眞玩法師，就不要猛點魔力值。」

最後說說資源值，這個是高階玩家才考慮的屬性，典型的職能是經營和管理。管理者一開始都是從專業或技能走出來的，但走到這一步，更重要的其實是資源，是有一個能陪你打仗的團隊，有幾個關鍵時候願意扶你一把的貴人。這些玩家的發展，則更加倚重資源。他們的發展路線往往和組織綁定，組織要求做什麼，就調動資源做什麼。

公司小的時候，跟對一個老大；公司大的時候，選定一個優秀團隊；時機好的時候，振臂一揮，帶著大夥開創一份事業。對於他們來說，鎖住一個能持續成長的平臺最重要，他們要守住的，其實是『公司』。不過，在成爲高階玩家之前，先把你的專業或者技能值練好比較重要。」

小明突然釋然了，原來自己不想回家當公務員是有理由的——公家機關的工作常常玩的是「資源型」，若不擅長經營人際關係，就很難僅靠技能和專業獲勝。更重要的是站好位、跟好隊，做好上面分配的工作。他想法太多，也不會獻殷勤，更沒有背景，沒辦法做資源型的工作。

這胖子看樣子是個老法師，小明想。如果大學的時候，早點知道，就不會走這麼多彎路了。

胖子剛才一頓輸出，講得口乾舌燥。他端起水杯，咕嚕咕嚕灌了兩杯水。正好這個時候，一位穿格子襯衫的中年人進來，胖子起身招呼，順手遞過來他寫字的那張紙，笑著敲敲空白處。

「萬金油小子，今天時間也不早了。你是什麼屬性的？又準備走哪條路？」胖子說著，又「來啦來啦」地迎接新客人去了。小明看看時間，才發現，不知不覺已經十一點多了，快要趕不上地鐵了。他來不及和胖子細聊，匆匆道了個謝，推門要走。

胖子從店裡追上來，遞給他一張卡片。「拿張打折卡，可以打折，記得常來哦。」門在身後關上，還依稀能聽到胖子的聲音：「歡迎歡迎，我們新店開張，只要是新客都送一杯咖啡……」

夜裡，門外有點冷了，小黑早就不知去處了。天光暗了下來。小明拉上衣服拉鍊，長呼一口氣。抬頭看去——在這個城市的角落，竟然能看到幾顆星星，小明以前從未發現。走過天橋，發光的大河依舊川流不息。

剛才的對話，像是把小明從車的駕駛座，突然拉到了職場世界的上方，讓他第一次鳥瞰職場。他想，即使是在同一家公司，職位相同的兩個人，也可以抱有不同追求，修練不同屬性，**進入完全不同的行業、企業和職位跑道，走向不同的人生。就像每一滴水，看似聚成溪流，但它們會流往不同的方向。**

那我的方向在哪裡呢？

小明不禁往咖啡館的方向看去，那個咖啡館老闆到底是何方神聖？自己怎麼會和他聊這麼久？

大城市的神祕和生機勃勃，讓你總能遇到意想不到的人。

深夜，小明躺在租屋處的小房間裡，毫無睡意——剛才的一切真的發生過嗎？

他突然想起那張卡片，順手翻找起自己衣服的口袋。一張卡片掉了出來。

05 每個人都有三條發展新出路

打折卡是常見的名片大小，是咖啡色的硬卡紙，紙紋細膩。燈光下看著很高級。正中間有一隻驚人的大眼睛。但仔細凝視，這眼神並不犀利，甚至還有些溫柔，讓人想起剛才的胖子老闆。

湊近看得再仔細些，瞳孔裡竟還藏著一個帶著翅膀的飛輪，兩個眼角有兩顆心，整個眼睛發著光芒。下方寫著咖啡館的名字「不上班咖啡館」。

翻過來，背面寫著「覺醒卡」，下面有許多小字（見下頁）。

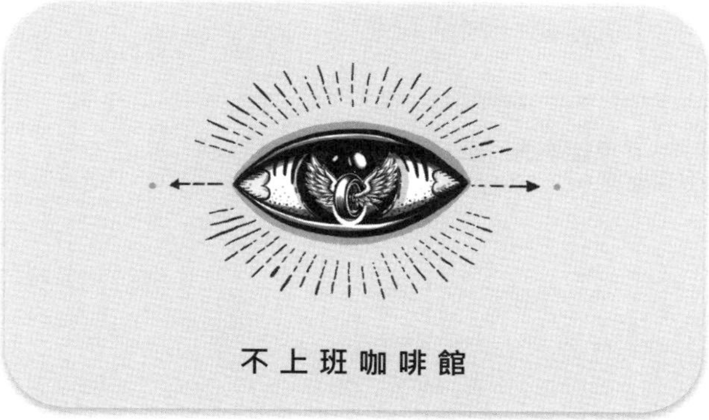

覺醒卡・職業覺醒

- 遇到困境，要追，不要逃。
- 只盯著公司內部的職級會被迷惑，善用「行業 × 企業 × 職位」重新看看自己的定位。
- 職業發展不是爬梯子而是攀岩，要靈活上下左右移動。
- 生命是曠野，但職業發展是網格，盡量每次只移動一步。
- 所有的職位都能分成：市場、銷售、生產和服務、研發、財務、人力、行政、經營管理八種職能。
- 瞭解三種發展路徑：行業內累積專業，職位上累積能力，企業內累積人脈。

↘ 實際行動

（1）試著寫下你的「行業 × 企業 × 職位」座標。

（2）分析自己的職位，你已經擁有哪些職能，具備哪些專業、能力和資源？

（3）接下來，你準備走哪一條路呢？

完成上述任意一項任務，可免費獲得「可以不上班」咖啡一杯。
有效期 15 天。店主胖子擁有一切解釋權。

這不是剛才的對話嗎？怎麼就被記錄下來了？即使是速記，也不可能馬上列印成卡片啊？而且胖子到底是誰？他怎麼知道這麼多職業的事？我能相信他嗎？

最重要的是，我真的能找到自己的新出路嗎？

小明眉頭緊皺，手心微微出汗，心裡浮現千萬個問號。但這張覺醒卡就實實在在地躺在掌心，這又讓他感到安心，他知道，剛才的一切是真的。他用指尖輕輕觸摸這張卡片，對自己說，別想了，完成這些問題，再和胖子聊一次。到時候會真相大白。

想著想著，小明沉沉睡去。

第二天是週末，小明沒上班，卻難得起個大早坐在電腦前，釐清這些問題的答案。

- **定位：**一名小型廣告公司的AE＝廣告傳媒×S公司×AE
- **專業知識：**廣告行銷理論、各平臺媒體趨勢、提案力、重點摘要力、業務交付SOP
- **遷移技能：**銷售技巧、演講表達力、維護客戶關係、專案管理、協作溝通
- **人脈資源：**大客戶公司、合作過的同事和前同事、直屬上司、張老師

小明寫下這些後，內心充實又感動。過去自己一直盯著薪酬和職級，從來沒有這樣盤點過自己這些累積。此刻他發現，五年來的努力並沒有隨著行業衰退就失去，而是成爲了自己的養分。有付出就有回報，這是眞的。小明繼續寫下：

帶著這些資源和能力，我有三條發展的路：

- **從專業發展出發：**做一名專業行銷人士，找個有前途的行業，重新學習行業知識，像那個進入電商行業的房地產總監一樣。
- **從技能發展出發：**留在行業內，加入有資料行銷能力的公司，繼續做AE，學習怎麼做資料行銷。
- **從資源發展出發：**去一間自己認同、也喜歡自己的公司成為業務，專做大客戶（過去的努力福報來啦），或者跟著現在的直屬主管做事。以後如果AE當得好，集齊客戶資源和前同事，甚至可以自己創辦一個小公司。不過這的確不著急。

接下來，我要發展哪一棵技術樹呢？小明又卡住了。

週一晚上，小明本想一下班就過去找胖子，趁著開店前單獨聊聊。但下午收到客戶訊息，方案還要繼續調整。甲方爸爸說了一堆「能不能更大氣一點，同時要通俗易懂」、「能不能拉高銷量，又要兼顧品牌效果」之類的需求——這就像你去剪頭髮，要求理髮師「短一點但不要太短，要幹練又要不失活潑」——他們自己也沒想清楚，但就是不滿意。

不過老闆說，客戶每次要修改方案，都要說「行」，這就是修行。小明花了一下午的時間陪客戶統整和確認需求，又買了咖啡和晚餐安撫發飆的創意總監和已經被逼瘋的設計大哥。大家忙完，已經十點多了。

咖啡館還開著嗎？小明憑著記憶尋找，原來的地方果然還亮著燈，這次他注意到，門口停了一輛白色的摩托車，卡片上的那個飛輪應該就代表著這輛摩托車，呦，看不出來，胖子還真是個自由騎士呢。

咖啡館這時候還沒客人，胖子肩上搭著毛巾，提了個小水桶，哼著歌正準備出門擦車。看到小明來了，放下東西，幫他倒了一杯水。小明這才意識到，自己整個下午一口水都沒喝。他一邊小口抿著，一邊把自己週末做的功課以及遇到的困惑和盤托出。

「我該選擇哪條路呢？」

胖子卻只是問：「打折卡帶了嗎？」接著在小明遞出的卡片上打了個洞，示意他先坐下。不一會，胖子端上一杯熱咖啡，左手背在身後，右手做了一個「請」的手勢說：「恭喜獲贈咖啡一杯！」

小明這次沒有扭捏，接過來喝了一口，說：「很香耶。」

胖子說：「我正好要擦車，你就來啦，但我喜歡一次專注做一件事。我們打個賭吧，我等等考你三個問題，如果你全部答對，我就送你一杯咖啡。但如果你答錯一題，就幫我擦一次車。」

哈哈，有趣。來吧！

06 是什麼決定了你的薪資？

胖子的興致也上來了。他頓了一頓，正色道：「第一題：定位＝行業×企業×職位。

這三個要素裡，哪一個對你的職業收益助力最大？」

小明想了想：「應該是『行業』吧。總聽人說，只要站在風口，豬都會飛。」

「Bingo，答對，得一分！」

「『行業』排第一，『職位』排第二，你最擔心的『企業』排最後。」胖子伸出三根手指，一一比畫。

「我前段時間，剛剛參加完二十週年大學同學會。你會發現所有過去在網路、房地產、金融、出口外貿領域的人，他們整體的平均收入、見識、職業素養都比其他行業的要好。大學同學，能力知識能差多少？長期來說，這就是行業帶來的紅利……」

「胖子老闆……呃，可以這麼叫你嗎？」小明小心翼翼地打斷，「有一點我真的不明白，大家都說行業的紅利，到底什麼是行業紅利呢？」小明問。

「叫我胖子就行，你眞是個特別的年輕人。」胖子搓搓手，大笑。

「平時我和別人說這些，別人問我的都是，那有哪些熱門行業呢？這些人沒弄清楚本質，也抓不住紅利。其實你想，**職業的本質是什麼？是透過幫別人解決問題來獲利。該給你多少錢，不是你有多厲害，而是別人的需求有多大。**同樣是銷售，賣房比賣汽水的人賺得多，因爲人們對房子的需求比汽水更大。

「簡單說，是需求決定價格，不是供給決定價格。對新興行業的需求多，而行業目前供給量不足，因此在這行裡的人收入就會持續走高。」

「那，你說的快速發展行業，是指網路上常說的今年十大熱門行業嗎？」小明問。

「不，新興行業肯定熱門，但熱門行業不一定是新興行業，你看二〇一八年還有人衝著房地產熱潮進入，但如果一個人穿越到今天，他們絕對不會這麼選。熱潮只能表示大家都在一窩蜂擠進去。一群資本雄厚的大佬在做的事，你一個年輕人，有什麼優勢呢？新興行業是未來的熱門行業，在現今恐怕還屬小衆，收益不多，門檻不高。這就是新人的機會。

你看微博剛流行的前幾年，稍微有些名氣的人，即使只有自己一人操作，也很容易就有幾十萬粉。現在微博倒是熱門起來了，但要達到同樣成效，得付出很多倍努力，要投入專人經營。對於年輕人來說，要去找新興行業。」

小明想起一次行業分享會，標題就是「怎麼把水賣出天價」，答案是「去沙漠」。同樣的能力，新行業的收益會比原來高。新入行的人，不需要很厲害就能賺到錢，這就是新行業的紅利。

「除了市場供需，也一定要記得關注技術變化，技術爆發也會帶來新需求。比如，一九九〇年前後，網際網路興起，大家都在思索，上網到底能做什麼。首先，當然是查資料，於是有了 Google 和百度；有了通訊聊天需求，於是有了ＩＣＱ、騰訊等。有資料，能聊天，就可以線上做生意，於是電商行業就誕生了。新技術的第一批愛好者，往往都是年輕人，所以技術紅利，也常常是年輕人的好機會。」

小明聽到這裡馬上附和：「還眞是！聽說 OpenAI 團隊的平均年齡也就三十二歲，每個人都身家過億。」

胖子點點頭：「這就是技術的紅利啊。」

聽到現在，小明有點理解自己的老闆了。他告訴胖子，公司線下廣告部門被裁撤，不是因爲他們不再優秀，或者沒處理好客戶關係。而是客戶覺得，這個方式已經過時了。而資料行銷的崛起，則是一種技術帶來的紅利。他在專業論壇發帖子、打嘴仗討論「眞正的廣告是靠創意還是靠資料」的時候，早有一群人走向更能解決需求的技術發展，離他遠去。

胖子聽了大笑：「對，桌子倒了，還可以扶一下；牆要倒了，誰都扶不住。被裁員，短期看是老闆無良，長期看，老闆也只是社會需求的感測器。早死早超生啊，早點被資遣，也是早點逼你找新出路。《鐵達尼號》裡，最好的水手也只會隨著船沉沒，不如主動跳入水裡，即使只是抓到一塊小木板，時代的大潮也會推著你往前走。這樣你才有機會重新上船，隨著聚合的人越來越多，你有機會擁有自己的船，甚至艦隊。這就是你說的，站在風口上，豬都會飛。」

「所以，你是鼓勵我往新興行業發展？」小明有點猶豫。

「是的。」胖子點點頭，「如果說刻意練習技能是手動複利，進入一個快速發展的新行業，就是自動複利。因爲整個社會、同行都在提供助力給你。這也是爲什麼，**決定收益的第一要素不是專業和能力，而是進入快速發展的行業，那裡是年輕人的新機會。**」

聽到此處，小明有些遲疑。

如果剛畢業，他的確會聽得熱血沸騰，想要馬上做點什麼。但這幾年下來，他的視野開闊了很多，也不再那麼幼稚了。他見過太多的廣告客戶，聽了個故事就馬上一頭栽進新行業，瘋狂投錢注資，幾天內把廣告鋪在全城的電梯裡。但一、兩年以後，這些廣告就永遠消失不見了。

他的一個好朋友，前幾年加入數位金融行業，還自己投錢買了公司股票，最後公司負責人跑路，他還欠了一屁股債。

「像你說的，新興行業的確是個機會，因爲需求短期是被滿足了。但如果過段時間，大家都進來分一杯羹，這個優勢不就又拉平了嗎？」

「你說得對。」胖子對這個反擊有些意外，小明有超過他年紀的冷靜。他撓撓頭，想了幾秒，說：「你或許能從第二題裡找到答案。」

07 轉型就是「帶著優勢切趨勢」

胖子說：「第二題：在行業、企業、職位三要素裡，哪個對你長遠的職業成就感、幸福感影響最大呢？」

這題好難啊。前面說了，行業對收益影響最大，錢多自然幸福啊。但公司不穩定，同事勾心鬥角，這也沒有什麼幸福感可言。職位主要看具體工作內容，如果自己不喜歡，那就真的是生不如死。到底哪個更重要呢？小明有點拿捏不準了。

「可以試試看用排除法——失去什麼會讓你活不下去？」胖子提示。

一定要選的話，公司可以跳槽，同事也可以換，來往不了的就別來往，難合作的就少合作，只有工作內容是自己在做的，這個沒辦法更換。

「我選職位。」小明說。

「Bingo，又答對了！」

「職位，也就是你具體做的事，是最影響幸福感的，因爲你可以下功夫維護好和同事、上級的關係，但是你永遠騙不了自己。反過來，你事做得漂亮，公司自然會更器重你。你自己做得開心，狀態一好，同事關係也不會差。」

「那要怎麼才能知道做什麼會更好、更幸福呢？」

「發揮優勢。做你有優勢的事，自然會更好、更幸福。」

「哎，對啊。不過，我覺得自己沒什麼優勢。」

公司裡都是神人，小明這幾年只覺得自己忙得焦頭爛額，每天被客戶罵，被同事埋怨，好像處處不行，完全想不到自己有什麼優勢。

「每個人都有優勢，只是還沒有被挖掘。找尋優勢就像淘金，在不起眼的沙堆裡，總有幾個閃光點，把這些不起眼的金粒收集起來，就是一顆價值不菲的金豆。」胖子做了一個瀝沙子的手勢。

「我們也來瀝瀝你這堆沙子。看你的工作裡包含的職能：銷售、研發、服務、統籌、溝通……哪些部分你是比別人更強的？」

這麼一說，小明還眞的想到一些。自己雖然缺乏所謂的狼性（小明對這詞一直很感冒），但行銷方案方面，客戶回饋是很好的。他不像公司其他的AE，都是俊男美女，見到客戶能侃侃而談，喝著咖啡用iPad說說方案，就能把客戶談到手。他這種小鎮出身的人，見人總是自帶一些羞澀，看到厲害的客戶，就是忍不住有點唯唯諾諾。但他捨得在方案上下功夫，不管成不成功，他總是盡可能地讓方案更加詳細踏實些。買賣不成，也有點交情。所以，儘管他拓展的新客戶不多，回頭客卻是最多的。

另外，他好像也很擅長籌備團隊活動。因爲自己是行銷出身，能很好地理解創意和策劃同事的難處——說理解還不恰當，他甚至對這些專業人士有些崇拜。別的AE打著甲方名號壓榨、催促他們的時候，小明能更同理地與這些同事相處。創意部的文案和美術同事，雖然敢直接槓上主管甚至甲方，但對他總留有一絲商量的餘地。

暫時想到這麼多，小明試著統整這些閃光點。他的優勢是懂點行銷、願意眞心對待他人，以及能有技巧地和做事的人溝通，減少推進進度的阻力——他似乎看到了小金豆。

「你是說，這都是我的優勢嗎？」

胖子此刻特別溫柔，他對小明點點頭，說：「你看，你有很多優勢。每個人都有自己的優勢。」

「但我還是不太懂銷售，領會上級意思總是很慢，而且，也不太敢要求別人。」小明還是有點不自信。

「**沒有人是完美的。重要的是先把優勢放大，規避劣勢**。如果你金沙、泥沙一把抓，別人看到的大部分還是沙子。得要先把金子挑出來，把這些優勢放大。既然這些地方你做得好，就要努力做到全公司、全行業最好，不斷放大這些優勢。當這些點越來越多，你會有越來越大的金豆。而且，你要不斷地拋光這個金豆……」

「爲什麼是拋光啊？」小明不理解。

「就是不斷強調、宣傳自己的金豆啊。比如彙報時候，你可以說，我雖然不擅長銷售，但我是最……的AE。你甚至可以有一、兩個這樣的招牌故事。講得越多，金豆就越發光，也就能接到更多適合自己的業務，這樣你的金豆也更大了。當你要去新行業，首先要能找到能兌換金豆價值的行業。這樣再加上行業的紅利，你的金豆，會變成金條。」

「我還是不太有自信，」小明說，「我這個非知名校系出身的廣告行銷讀得糊里糊塗的，專業方面根本比不上那些名校畢業生。我只是比同事多點興趣罷了。」

「小老弟，這麼想可不對。」胖子拍拍小明的肩膀，「持久的興趣，也是一種優勢。因爲感興趣，你會投入更多，成長也會比別人快。」

「現在，還記得你問我的，風口沒了，豬會摔死的問題嗎？豬必須在這段時間裡，長出翅膀來。牠們必須趁著紅利，在這個領域站穩腳跟，培養自己的優勢。」

胖子繼續說：「怎麼培養呢？這需要你本來就具備這方面的優勢。若你本身就擅長做，又有興趣學，自然成長得比別人快。這樣一來，你能抓到除了技術和行業之外的第三種紅利——『人才紅利』。發展好的行業，會吸引更多優秀的人。一群優秀的人在一起，相互之間學習比拚，這個速度就會呈幾何倍數增長。

你想想，如果你喜歡講脫口秀，在你老家講得再好，有幾個人聽？有幾個同行能研究？但在大城市，每天至少有十多個地方在表演，有好幾百個同行能陪你聊，是不是會成長得更快？」

「年輕人要去大城市，也是這個道理？」小明像想起來什麼，於是問了胖子。

「是的，大城市的人才紅利相當高，尤其是行業集中度高的行業，發展網路行業的可以來北京；要成爲全職網紅，去杭州更快。」

胖子最後總結道：「這就是職業發展最底層的戰略，『帶著優勢切趨勢』。沒趨勢，收益不高。沒優勢，收益不長。」

「所以你不建議我隨便去找個熱門的新行業，而是進入自己有優勢、感興趣的新行業，對嗎？」

「不錯喔！」胖子說。「不過先別驕傲，第三題，才是眞正的難題，很多人都在這裡卡關了。」

08 選擇公司：選雞頭還是鳳尾

「如果你準備進入一個新行業，有兩個工作機會，你會選擇大公司的非核心職缺，還是選擇小公司的核心職缺？」

如果去新興行業，能進入大公司自然好，符合人才紅利原則。但是如果不能兩全其美，是選擇公司還是選擇職位呢？小明思考了很久。

這是個關乎雞頭鳳尾的問題。大公司成功與獲利的機率高，資源好，但是非核心職位又沒辦法提升關鍵技能。

小公司很不穩定，但是如果掌握核心技能，以後可能還能再跳出去，可是跳槽這件事，又怎麼能保證跳到更好的公司呢？以前他也和同事討論過，大家各執一詞，沒得出什麼像樣的結論。

胖子有點得意，甩甩手中的抹布，看樣子有人幫他擦車啦。

突然，小明想起剛才胖子說的，跳出公司和薪酬職級，回到需求看問題。新興行業的價值是解決了新問題，如果是非核心職位，雖然公司成功了，自己能升職加薪，但是提供新價值的依然不是我，自己並沒有什麼實質成長，只不過是占到了便宜。

但如果去了小公司的核心職位，自己解決新問題的能力會上升。這樣，能力就長在了自己身上。只要有這樣的能力，以後也能有機會去大公司。

小明有點拿捏不準，但還是說：「我選擇應徵小公司的核心職位。」

「答對了！」胖子很吃驚，「你這個小子還眞有點悟性。大部分人都看不清，他們認爲大公司加上新興行業的組合就値得去，但卽使你去馬斯克的SpaceX做HR，火箭上天和你有什麼必然關係呢？創造價値的，是新行業的新技術。

而且在新行業裡，大公司常常表現不佳，他們原來賺錢賺得太容易，船大不好調頭。反而是一些迅速崛起的小公司，他們招不到當時最優秀的人才，所以反而願意花力氣培養新人。他們錢和資源沒那麼豐厚，所以更加務實，更加腳踏實地，你在裡面能眞正成長起來。到時候，你自然可以一步步地進入大公司。所以，**在新興行業裡，雞頭比起鳳尾，會**

離鳳頭更近。」

這下三個題目都答完了。小明手上的覺醒卡又多了一個洞。

小明感激地握著這張卡，對於自己要走哪條路，心裡有了答案。

他現在還處於比較基層的階段，處事也並非八面玲瓏，並不打算走資源路線。他曾在去資料行銷公司繼續當ＡＥ，還是去新興行業當行銷之間猶豫了很久。但現在關鍵點浮出了，他的優勢和熱愛在行銷策劃，而不是面向大客戶銷售。所以，他要轉動「行業」的鏈條，尋找新興行業的行銷工作機會。

他知道，胖子其實是把答案包在問題裡給了他。而問題比答案寶貴太多。有了正確的答案，他或許能走對這一步，但有了正確的問題，他可以解決未來很多的事。

然而此刻胖子看上去卻有點可憐。他攤開雙手，聳了聳肩，很委屈的樣子，隨後又從櫃檯上重新拿起毛巾，搭在肩上。

「好吧好吧，沒考倒你。你走吧。我今晚又要自己擦車啦。」

小明被他的裝可憐逗笑了，他說：「老闆，我也考考你吧。問，把一輛摩托車擦好，需要幾步？」

「不知道。」胖子搖頭。

「第一步，把車推到門口。」小明邊說邊向胖子走出一步。

「第二步，拿出水和毛巾。」小明又走了一步。

「第三步嘛……」小明衝過去，搶過毛巾，衝向門外大喊一聲：「找個朋友，和他一起擦！」

今天晚上有月亮。月亮映在鍍鉻的排氣管上。每用毛巾擦一次，水漬浸過車身，小月亮就會短暫消失，但過一會水乾了，月亮又會出來，更圓更亮。擦了幾輪後，排氣管上的月亮就和天上一樣亮了。擦車原來這麼紓壓。

小明問車另一側的胖子：「老闆，你應該買得起車啊。爲何還騎摩托車呢？」

胖子直起身來，點了一根菸，長呼一口。

「我不喜歡開車。開車總讓我覺得自己是在一個玻璃盒裡看世界。夏天開空調，雨天打雨刷，你和世界，總是隔開的。但騎摩托車的時候，你和世界融為一體，道路在前面徐徐延展，樹木從兩邊飛馳而去。你感覺到強風撲面，能聞到空氣裡樹葉的味道，偶爾一場大雨，雨水打在你身上，是清涼和微疼的。這個時候，我覺得自己眞實地活著。

有時心裡煩了，我就會出去騎一圈。速度讓我保持精神集中，腦子沒空想任何事，只能完全地專注當下。一圈下來，這些煩惱就好像都被吹掉了。**騎士都熱愛自由，自由不是想去哪裡就去哪裡，真正的自由是面對真實，心無雜念。**跨上車，發動引擎，催動油門，就是自由。」

09 如何面對不公平的世界？

晚上小明翻看那張覺醒卡，卡片後的文字竟然又變了（見第七十六到七十七頁）。不查不知道，一查嚇一跳。

按照卡上說的方式進行行業探測後，小明發現了很多新產業機會。AI、晶片、智慧型機器人、元宇宙、6G、航太這些較為尖端的精密行業自不必說，生物科技、大健康、新能源車、VR技術、老年經濟、寵物經濟、海外電商這些領域的產值都在以每年二十%到三十%的速度增長。不誇張地說，你即使什麼技能都沒學，收入也會帶著你增長。他有一些老同事進入這些行業，過得都很不錯。

原來，你以為自己所在的行業很糟糕，社會很蕭條，但總有人在悶聲發大財。

他把這些行業都列了出來，一個個排除。

小明還記得，關鍵要「帶著優勢切趨勢」，所以他擬訂了三個選擇標準：第一，行銷要是該行業的核心職位，這樣自己的優勢能遷移過去。

第二，要是自己感興趣的行業，因爲轉行要學習專業知識，只有感興趣才會一直學。

第三，是自己能搞懂的行業——他不想再踩那些P2P借貸（P2P lending）[4]的坑了。

4 編註：指個體與個體透過網路平臺借貸的行為。

覺醒卡・發展之路

- 需求決定收入，而不是供給決定收入。
- 新需求、新技術的變化都會帶來新行業、新機會。
- 行業的第一波紅利，是需求紅利；第二波紅利，是人才紅利。
- 每個人都有三種發展路徑：專業線、技能線、資源線。
- 帶著優勢切趨勢，才不會風口過後掉下來。
- 優勢像淘沙，把自己工作裡的一些閃光點彙聚起來變成金豆。
- 去新行業裡的核心職位，哪怕是小公司。
- 真正的自由是面對真實，心無雜念。

↘ 實際行動

（1）拆分一下自己的職能，你在哪些地方有閃光之處？閃光點可以是你做得很好的事，也可以是你很感興趣的事。

（2）用六種新行業探測器，了解你身邊可能發生的新行業、新機會！

- 關注熱門金融投資媒體，定期會發布關於融資的行業新聞。
- 用搜尋引擎或 AI 搜索「招聘產業報告」，能找到近年的行業趨勢。
- 翻翻三個本行業巨頭的社群媒體，他們常常會發布行業最新趨勢。
- 關注你所在行業的產業高峰會文章，往往會談及這個行業的最新趨勢。
- 如果你在社群媒體動態持續看到某個行業的焦點新聞，這也是一個徵兆。
- 最後也是最重要的，打聽一下你所在公司的主動離職員工去向，他們的方向很有可能就是新趨勢所在。

完成上述任意一項任務，可免費獲得「可以不上班」咖啡一杯。
有效期 15 天。店主胖子擁有一切解釋權。

首先刪除的，是很多市場行銷並不那麼受重視的行業，比如６Ｇ、晶片、航空航太等，都是大型國企的發展項目。另外，還有一些比如元宇宙、生物科技、ＡＩ、ＶＲ什麼的。他看了一圈這些行業報導文章，實在有點看不下去，不感興趣。對了，老年經濟倒是發展得很好，只是自己還太年輕，比較無感。

最後，留在紙上的，還有三個行業：健康產業、新能源車、寵物經濟。這些領域都有成熟的產品，正在打開市場的階段，需要很多行銷人才，小明也都很感興趣，於是決定從這些行業入門。

該怎麼去尋找這裡面的機會呢？

小明想起胖子，但又覺得應該自己先試試看。這兩次和胖子的對話，他想明白一個道理，**想要別人幫你，首先要自己有行動**。要別人教你眞功夫，不僅僅是要仔細聽，還要提出有力的疑問。比如，他就明顯感到，當時提出對胖子所謂新興行業的質疑，讓胖子對自己另眼相看。

畢竟，誰願意幫一個雙手一攤，只想要答案的人呢？

小明興沖沖地登錄徵才網站，按要求填完履歷，選擇了一些目標行業的行銷策劃職缺，投遞了出去。一週過去了，他卻只接到四通電話。一通是培訓機構問他需不需要考證照，一通是保險業務，一通疑似直銷。好不容易終於有一通正經公司的ＨＲ來電，卻也再無下文了。

什麼年輕人的轉行機會？根本一點機會都沒有！那就是一塊大餅。小明覺得，過去自己是井裡的青蛙，雖然什麼都不知道，但日子還算能過下去。現在，他被胖子拿出井底看了看天，又被狠狠地丟了回去。現在，他連班都不想上了。

所以，當小明再次推開咖啡館大門的時候，他甚至有些生氣。看到胖子走過來，他只是「嗯」了一聲，然後端起面前的水，悶頭喝起來。

胖子看了他幾秒，突然哈哈大笑（好討厭！），拍著他的肩膀說：「是不是沒找到合適的機會啊？」

小明還是低頭喝水。他知道自己心裡有火，想壓壓情緒。但一杯水都喝完了，心裡的委屈一點都沒少。

胖子也發現小明的不對勁，不再嬉皮笑臉，在他對面坐下來說：「抱歉啊，我沒有嘲笑你的意思，是不是事情不順啊？」

小明終於忍不住了，心裡的怨氣一股腦發洩出來：「這些天，我努力按照你提供的建議去做，的確打開了眼界，但是實際執行後，一點正面回饋都沒有，這件事太難了。而且，我看看我的同事，發現很多人根本就不考慮前景發展的事。

我們的櫃檯總機人員，她是本地人，從來不用考慮這些什麼行業紅利啊、定位啊，就可以一直悠悠哉哉地做下去。她喜歡劉若英，就去追她的演唱會；喜歡話劇和手作，週末就全心投入；每天打扮得很時尚，生活過得歲月靜好。她來上班，僅僅是爲了有個事做。上家公司資遣她，她就休息幾個月，然後再換個公司上班。

還有我們公司創意部門的傑哥，大專畢業，爸媽是大學教授，他們家不要求他學歷有多高，就希望他能做自己喜歡的工作。他就坐在我旁邊，經常和我分享他和女生的聊天紀錄，說家裡又介紹了一個新對象。他有北京戶口，個性又很有趣、很懂玩，能認識很多比他條件好的女生。

這段時間他認識了一個讀傳媒的女生，比他優秀很多，他說他要認眞對待，還總問我，『哥，這則訊息該怎麼回？』有時也會和我討論一些買房、小孩讀書學區的問題。我問他，『你要買房嗎？』他嘆氣說，不想背房貸，就靠家裡了。唉，傑哥是我好朋友，我並不嫉妒他。但接下來好幾天，我都覺得心裡壓了一塊大石頭，非常不平衡，聊天、吃飯都很敷衍，不想和他說話。

而我呢？憑什麼我就要研究什麼職位職能、雞頭鳳尾、行業前景調查什麼的，把自己搞得這麼累？！」

小明沒想到自己一口氣能說這麼多。

這些話他憋了好多年，像一個你懷疑裡面已經發霉，又不敢打開看的食物禮盒，突然打開，發現白毛長得到處都是。

「我老家在貴州畢節，你也許都沒聽過這個小地方吧。我爸是林業局的小科長，媽媽在工廠裡開販賣部。他們能供我上大學已經很不容易，更不要說在北京買房。我同事賺四萬敢花四萬。我來的第一個月，房租押一付三，手上就只剩兩千五百塊，自己帶便當來公司吃，還要跟人說是在吃健康餐！

我不埋怨父母，他們已經很努力了。我就想知道，憑什麼？憑什麼是我要苦苦尋求發展，有些人就可以什麼都不考慮？發展發展，發展到頭，也比不上躺贏在起跑線的人，那到底爲什麼還要發展？」

此刻，能言善辯的胖子消失了，他變得濕潤又柔軟，像一塊濕抹布。

他喉嚨動了一下，好像要說什麼，話到嘴邊又覺得不合適，就又退了回去。兩個人就這麼沉默著，最後，這些話變成了一個肩膀上的輕拍。

「我的兄弟，你辛苦了。靠著自己走到今天，你，還有你的父母，真了不起。」他長久停頓了一下，接著說：「這些年我經歷了很多，現在，我越來越確信一點：**世界就是不公平的**。

我們常常跑到吐血，也達不到別人的起跑線。但想想自己，看看你家鄉那些沒讀過書，從沒出來闖過的同學——我們也常常站在別人無法企及的起跑線上。從這個角度來說，世界沒有公平可言。」

胖子說著摸摸口袋，想抽口菸，但想到在店裡，又把手放了下來。小明沒想到，他的爆發，會勾起胖子這樣的觸動。在他眼中不愁吃喝、自在逍遙的胖子，竟然也能理解這些。

他拍拍胖子，陪他去門口。他們肩並肩坐在門口臺階上，夜風正涼，胖子點上菸，深吸一口，菸絲緩緩地燃燒。

「你剛才講的，讓我想起看過的一部紀錄片《含淚活著》，講一個中國父親的一生。

他是一九五四年出生，三十五歲那年，他離開自己妻子和六歲的女兒去日本謀生。本來希望半工半讀，但就讀的語言學校在北海道一個略爲荒涼的小鎮，阿寒町，他在那裡工讀的薪水根本負擔不起自己的生活，於是他逃去了東京。在東京他是黑戶，語言也不通，只能找最基礎的體力活，每天打三、四份工。

每天下班以後，電車停駛了，只能沿著鐵路走回自己的小房間，五個人擠著住，吃最差的便當。即使這樣，他也不願意回家。因爲當時在東京一天的收入有三千五百塊，相當於當時在中國工作七個月的收入。

他留下來只有一個理由，就是希望孩子受最好的教育。十五年來，他的孩子考上了中學，去美國大學自費讀書，成爲一名醫學博士。

在日本打工的十五年裡，他只分別見過妻兒一面。一次是女兒去美國讀書，在日本轉機。因爲爸爸是黑戶，他們只能在機場一站以外的地鐵站見面。一次是妻子去看女兒，在東京停留了四十六小時，他帶她在東京玩了一圈。後來，女兒終於在美國穩定下來，他的任務也隨之結束了，最後回到上海，買了房子。」

講完這個故事，胖子感嘆道：「他們那一代人，一些骨子裡的東西和我們不一樣，那種艱苦奮鬥的韌性，那種爲孩子努力，省吃儉用、犧牲自己的信念，在今天看來似乎有點遙遠。但我想假設，假設你就是他女兒的同學，看到她家裡不斷地寄錢過來，供她自費出國讀書，最後成爲醫學博士。而你則一輩子都追不上，你會覺得命運不公嗎？」

小明想了幾秒鐘，說：「我不會，這是她父親一輩子的付出，是父親給她的禮物。」胖子繼續追問：「但她能有這麼個父親，純粹是個偶然。她也有可能降生在一個貧困家庭，甚至連書都沒辦法讀，早早就嫁人生子。也有可能她就是出生在一個小鎮，要靠自己去大城市找出人頭地的可能。你覺得，命運公平嗎？」

瞬間，小明被一種強烈的感受擊中，但不知道該怎麼表達。他彷彿看到一條長長的因緣鎖鏈，把每個人都連接起來，送到此刻，通向未來。而這條鎖鏈之下，有著社會、時代的巨力搖晃。

每個人的此時此刻，都是好幾代人因緣際會的結果，這偶然和必然攪和在一起，主觀和客觀連成一片，根本分不清——個人的力量，在這種背景下，微不足道。

傑哥的一切，是不是也是他大學教授的父母、時代和他自己所種下的各種因緣呢？此刻小明說不清楚，但已不嫉恨。一種宏大的玄妙感湧了上來。

小明轉過頭去看胖子，眼裡沒有了憤怒。知道小明理解了，胖子才呼出長長一口煙霧，看向遠方：「別人總說，人生是場馬拉松，只要你慢慢跑，就會贏過很多人。但這些年，我看得越來越眞切，很多人是你一生跑馬拉松都追不上的。

其實比起馬拉松，人生更像跑操場，沒有終點，也沒有起點。你看到有人超過了你，也許他剛剛下場，精力充沛；也許他基因好，祖上幾輩子都是運動員，還訓練了十年，這就能證明你差嗎？你看到有人跑得比你慢，也不能證明些什麼，可能別人正在跑十公里的最後一圈。**明明知道世界不公平，還得要和別人相比，是一種永無寧日、絕無勝算的自我恐怖主義。**」

「那爲什麼還要跑呢？坐下來，躺著看看野花，不也很好嗎？」

「因爲和自己比，更好玩啊！如果只和自己比，人生就是公平的。只要不斷地行動，你就是在往前走，你的力量在提升，你的里程數在增加，你的腳步在變穩定，你變得比你剛開始跑的時候更好。

你看，**發展（Develop）這個詞，不僅僅表示『變得更好』，還有『開發』的意思。發展不一定要比別人過得更好，甚至不是做更好的自己——而是開發出更喜歡的自己。**如果你喜歡安逸，就踏踏實實回老家，娶妻生子，綠水青山，小城市更加快活。如果你想再看看更大的世界，就往前衝衝，和喜歡的人，做自己享受的事。」

「那你是支持年輕人躺平嗎？」

「躺平沒什麼不好的。能夠好好地、安心地躺平，休息一陣，也是一件美好的事。怕就怕一邊躺著，還總起身看別人跑——這哪裡是躺平，這是仰臥起坐！你說累不累！如果你不準備活成他們的樣子，你又何必管他們怎麼過日子呢？」

「不對，我差點被你洗腦了。」小明那股不滿又上來了，「胖子，這個社會就是有問題啊，有人能貪老百姓幾億稅金，有人做昧良心的生意賺大錢，有人就連能回家好好過年的年終都被拖欠；有人的目標是輕鬆就能賺入幾億，有人就連書都沒機會讀。你覺得這正常嗎？不應該發聲嗎？如果大家都對這些事視而不見，覺得管好自己就好，社會會變好嗎？」小明的話擲地有聲。

「這個社會當然有問題，」胖子說，「而且問題很大！不過怎麼能變好呢？這個問題太大了，大到我們只能站著罵街，這有變化嗎？」胖子也有些激動。

「不會有，你只會讓自己更糟。那該怎麼辦？你別忘了，你也是社會的一分子。你過得怎樣，你怎麼對別人，這是你最能把握的。

你活得好了，至少先把自己穩住，讓自己的家人過好。你當上管理職，或自己創業，就能照顧好你的團隊不受壓榨。如果每個人都這麼做，世界就會變得越來越好，這是不是一條最務實的路呢？」

說著，胖子把視線從遠處拉回來，「既然現在你已經正在操場跑步，就別把眼睛交給躺平的人或別人，而要把眼睛交給自己，交給前面的路。」

小明想起天橋下的馬路，車流熙熙攘攘，一刻不停，一些爲名，一些爲利。他對自己說，其實不管怎麼跑，前面都總會有車的。此刻更重要的，是走好自己的路——爲了誰，去哪裡，和誰在一起。

胖子掐滅了菸頭，對小明說：「對了，你不是找不到什麼新行業的好機會嗎？我教你一招，要不要試試看？而且我保證，一旦你領悟了這招，就會做得比一般人更好，因爲你有這個天賦。」

眞的？小明瞬間有了精神。

10 停止找工作，開始販賣自己

回到咖啡館坐下，胖子又興奮起來：「你知道，大部分人求職犯的最大錯誤是什麼嗎？就是找工作的『找』字。你是不是填了一份制式履歷，然後搜尋職位，接著把履歷投遞到所有徵才信箱裡，乾等著別人通知啊？」

「對啊，不是所有人都這樣嗎？」

「當然不是。當你想著『找』工作，目標就是『找到』，關注點就自然變成了『好工作在哪』，然後投履歷出去，能做的就只能等了。過去環境好，可能是有效的。但這幾年，好職位越來越少，這種方法就行不通了。『找』看上去是主動的，但除了投遞的動作外，大多還是在被動等待。你從HR角度想想，每天都得收到幾百份履歷，你還是跨行的，能挑到你，這機率得有多低啊。

但，如果換個思維，改成『販賣自己』呢。要把自己推銷出去，就得先知道客戶在哪，他們是誰，他們要什麼。你還要思考自己有什麼優勢，這些優勢怎麼讓別人一眼能辨別，能看懂。那你能做的事情就太多了，競爭維度也擴展了，而你也成了絕對主動的人。」

「對啊！」小明一拍桌子，「胖子，這就是我的行業正發生的變化！過去做行銷，只要在最大的媒體下廣告，文案有趣、吸睛，把資訊告訴大家就行。而現在，流量分散了，不同人有不同需求，所以就需要精準的資料行銷，知道客戶在哪，要調查使用者，知道這些人想要什麼，怎麼用他們能理解的文字，展現產品優勢。這就是我天天在做的事啊！」

小明興奮極了，他最大的困境，居然是自己最擅長的事。

「所以我說，你比其他人更有天賦。你只需要轉換一下思考方式，把『找工作』，變成『販賣自己』，接下來你大概就一通百通了。和你做市場策劃一樣，先要摸清市場，找到精準客群，理解需求，然後針對他們包裝自己。」

「聽起來簡單，具體該怎麼做呢？」

「這個要從產業鏈入手。」胖子用手指比畫出一條直線。「首先，要知道該行業大概是做什麼的，它們和上下游是什麼關係。比如說你想去的醫療健康產業，就包括幾種不同藥物：有化學藥，比如維生素；生物藥比如疫苗；中藥比如中藥材，還有保健品、醫療器材等。要製作這些藥品，需要有原料供應商，這就叫『上游』。醫藥的上游就有化學原料、微生物培養、中草藥種植，做醫療器材的化工、鋼鐵、電子晶片。這些藥要銷售出去，就需要『下游』，這裡有賣藥的零售藥局，有批發的醫院，還有體檢、醫美機購這些客群。

你現在想去做行銷的話，上游基本都是大客戶銷售，大宗交易，中游主要賣給醫院和藥局，還有醫事機構，要一家家跑。下游更多都是賣給老百姓，主要靠品牌口碑和行銷，由醫院和藥局推薦給病人。這麼一說明，整個行業架構是不是就清楚多了？你也可以馬上抓到各家公司的工作概況。」

「還眞的是！但這些資訊你是從哪得知的？我們公司都要花好長一段時間才能蒐集到完整資料。」

「現在網路資訊充足，你只需要以『該行業＋產業鏈』作爲關鍵字搜尋，就能找到了。很多專業職涯發展規劃公司，還有自己更詳細的資料庫。」胖子說，「你找到一個行業，再搜索『龍頭公司』，自然會出現這個領域做得最好的公司。這些公司，就是你的重要目標。」

說做就做，小明掏出手機搜關鍵字，很快就找到了新能源車的產業鏈和龍頭公司。

哇，原來一臺新能源車，是這麼造出來的：電池的原材料生成，已經細分到讓人吃驚的地步——電池的正極材料和負極材料，居然是兩個不同的產業，各來自不同的龍頭公司製造。然後是中游的零件生產，三電（電池、電機、電控）是關鍵要素，接著是電子零件。最後才彙聚到整車製造，車輛的設計、一體成型的車身、智慧座艙，以及負責銷售的各種經銷商、展廳。而大型的上市公司，主要集中在下游和中游。

「胖子，這種上帝視角太爽了！」小明忍不住驚嘆。

他再一次有了當時看到行業、企業、職位座標的鳥瞰感。以往這些事情在行銷策劃階段也會進行，但就是走個流程，並不覺得和自己有什麼切身關聯。直到今天要爲自己找尋新出路，才發現指南針早就握在手上。

一年多以後，他加入一個讀書會，聽到主辦人說，讀書要「**以自己為中心，以問題為導向，以改變為終點**」，他才理解了此刻的醍醐灌頂之感——原來，知識只有和自己的切身問題結合，才是眞的。

現在，小明這個俯瞰行業的「上帝」，將視角轉向了寵物經濟行業，這個行業這幾年也是生態豐富。

上游是寵物繁殖場、寵物食品生產還有貓狗用具製造，下游最大的兩個區塊，一塊是寵物醫療，一塊是寵物美容。主要的上市公司，集中在寵物食品上。

小明最近滑到了很多「年輕人春節上門餵寵物，五天收入上萬元」的新聞，一名KOL還鼓吹說，這是個巨大的市場。他蠢蠢欲動，恨不得立刻辭職自己也去做。但從這個產業鏈布局來看，那是最下游產業中最小眾、最沒競爭力的區塊，寵物醫院可能順手就包辦了這項業務。

新能源車產業鏈示意圖

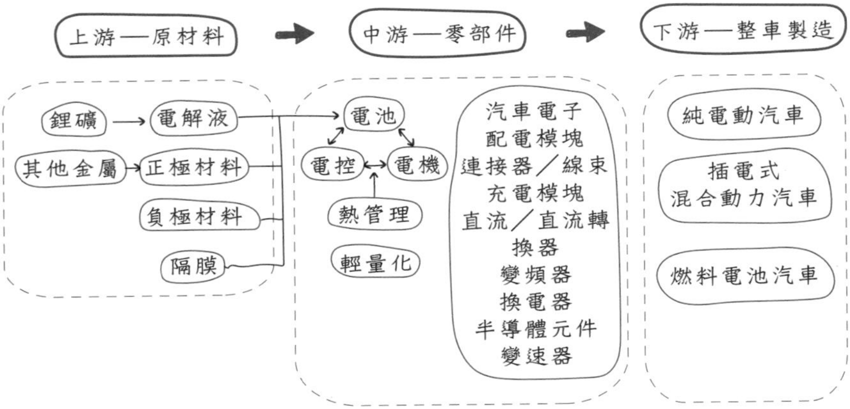

胖子很滿意小明的推斷。「嘿嘿，只要學會看這個，就能對那些網路上爲流量亂鼓吹的KOL免疫了。狗咬人不是新聞，但人咬狗是。如果你聽他們的，做個防止人咬狗的工作，那就死翹翹了。」

「那我接下來要怎麼做呢？是直接投遞履歷給那些龍頭企業嗎？」

「哪有那麼快！就算你眞找到客戶，也不會一開口就推銷吧。你得回去研究一下他們的需要，再好好備貨。至於研究的方向，就是大公司的職位徵才條件。前面說過，我們新入行，不一定能進入大公司。但大公司的徵才條件，往往也是行業的標竿，徵人啟事就是這些典型客戶的需求。去求職網站找，魚龍混雜，但直接去他們的官網，往往會有最精確的招聘資訊。」

小明迅速搜尋了一家整車公司的名字，很快在官網右上方，看到「加入我們」的欄位，選擇「網路徵才—市場行銷」，對應的職位、薪酬就都出現了。

「就是這裡，求職者需要具備什麼能力和經驗，多看幾家，也就大概齊了。小公司的要求會相對降低一點。你不是挑了幾個行業嗎？回去看看這些你感興趣的行業核心職位，大概就知道自己想做什麼工作了。」

「對啊，看產業鏈地圖，只覺得哪裡都好，不知道怎麼選。但看看這些具體的職位和應徵要求，就很有感覺。」小明感嘆。

「有感覺就對了！**小事走腦，大事靠心**。」胖子拍拍自己胸膛——心感受到沒有不知道，肥肉肯定是感受到了，還四處蕩漾。「做這件事的同時，記得把感興趣的職位應徵資訊裡的專業詞抓出來。因爲那就是……」

「那就是客戶的語言！」小明搶著說，這是他主場了。「我們做市調的時候，會舉辦焦點小組訪談，主要會邀請許多目標客戶，在會議室接受主持人訪談，全程錄音、錄影。觀察員則會抓取他們話中的訊息，洞察他們的回答裡潛藏的欲望或恐懼，這些背後就是購買動機。在日後的廣告裡，這些詞彙將會頻繁使用，讓客戶一聽就懂。」

「對的，這些職位描述，就是目標行業的客戶語言。收集這些語言，當你置身新行業就會如魚得水。」

「那再然後呢？使用者分析結束，是不是該包裝產品了？那又該怎麼做？」小明有點開悟了。

「不告訴你，」胖子一臉的壞笑，「你還沒有做呢。**想都是問題，做才是答案**。做了自然就明白了。現在你說你懂了，實際一做就大腦空白。先做再說。」

胖子說著伸出右手，四指伸直，大拇指向上，做了一個向前切的動作：「知道這是什麼意思嗎？這是一個騎士的手勢，叫 Speed Up。騎行的時候，會遇到許多完全意想不到的狀況，地圖導航錯誤、路斷了、計畫有變……這個時候，不要停下來發愁，就繼續騎下去，騎著騎著，路就順啦。」

「咦，對了，你還沒有喝咖啡呢。走走走，弄杯咖啡喝去。」這時，有人推門進來了，胖子趕緊迎了上去：「這位貴賓，請出示打折卡——」回身對小明比了那個手勢，「Speed Up！」

覺醒卡・求職加速

- 命運就是不公平的，但和自己比，很公平。
- 世界就是不夠好的，從自己開始，先安頓好自己，有餘力照顧好別人，就是改變世界之路。
- 不要「找工作」，而是要「販賣自己」。
- 研究產業鏈，了解產業的上下游分工，會打開行業上帝視角。研究龍頭公司的徵才條件，能知道入行要求。
- 以自己為中心，以問題為導向，以成果為終點。
- 小事走腦，大事走心，人生重要決策上，感覺很重要。
- 想都是問題，做才是答案。

↘ 實際行動

（1）轉型前去幾個龍頭公司官網，看他們對招聘職位的要求，重點關注兩類詞彙——「高頻率出現的詞」和「術語」。

（2）針對「高頻率詞彙」統整自己的履歷，針對「術語」做一些調查研究。

完成上述任意一項任務，可免費獲得「可以不上班」咖啡一杯。
有效期 15 天。店主胖子擁有一切解釋權。

11 大城市的床，還是小城市的房？

接下來幾天，小明又看了幾個行業的產業鏈圖，最後決定入行新能源車。小明照方法找到了很多公司的徵才資訊，也逐漸理解了很多行業黑話：三電工程師、輕量化設計、類比積體電路設計、刀片電池、基於模型的設計（MBD）……這些對他而言不再晦澀了。

小明本來以為學習這些會花費很多時間，但其實現在AI工具很方便，只要問對了問題，答案很快會出來，一直問下去，知識學習變得前所未有的容易。只要願意，三、四天的學習，入行足夠了。

這幾年，這個行業的老廠商盤踞，新勢力崛起，技術逐漸成熟，正是從拚產品到開始拚行銷的階段。這個過程裡，品牌策劃、管道管理、新媒體行銷、數據分析、活動策劃的需求也很大，小明希望滿滿。

他也上了一些求職技巧的課。其中有個技巧讓他印象深刻——**在你的履歷的這四個地方增加相關行業關鍵字：自我描述、專案經驗、實習培訓、工作描述——讓別人一眼就看出你適合這個職位**。

比如說，自我描述裡，就可以增加「對於新能源車的新媒體感興趣」；而工作描述裡，則應該重點強調可遷移的能力，如「參與品牌策劃、管道管理設計、爲客戶分析數據並彙報成果」；而在所有經歷裡，替一家跨國汽車公司品牌策劃的經歷，被小明放到了最前面。

這些其實都是小明日常幫客戶琢磨商品網站的累積——他知道，什麼都寫就什麼都賣不出去。重點資訊要少而精，要前置。

但有一個地方他很謹慎，就是履歷可以包裝——放大閃光點，可以略去不重要的，但絕不能說謊。沒有的可以不寫，可以主動學，這只是時間問題。而一旦被發現履歷造假，面試時又一問三不知，這就涉及誠信問題，用人單位很可能馬上把你列入黑名單。

不知不覺，距離春節只剩一週了，疫情兩年來，小明還是第一次回家過年。坐在回去的飛機上，他已經想好了，回家先好好休息幾天，拿完年終獎金，正好能趕上金三銀四

（指三、四月份）的徵才旺季。

到家已經下午四點多了。媽媽開門後，幫他卸下背包放到屋裡頭。靠近媽媽的時候，小明突然發現，她原來只在鬢角才有的白髮，現在已經爬滿了頭，媽媽肉眼可見地老了。

「爸！」小明喊，「我爸呢？」

「你爸不在家，要住院個幾天。」

「他生了什麼病？爲什麼不早點說？我可以提前回來啊！他現在在哪裡住院？我去看看。」小明鞋也不想脫了，轉身就要走。難怪這幾週爸爸都不跟他視訊，只傳語音訊息。

媽媽遞了拖鞋給他：「不著急，不著急，不是什麼大事。兒子啊，人年紀大了，身體總會出點毛病。你先吃飯，一會兒幫你爸送飯去。」

到醫院後，小明得知爸爸這次是輕微的腦梗塞，睡一覺起來，手就抬不起來了，好在媽媽及時發現，把他送到醫院，疏通血管後，已經沒什麼大礙了。但經診斷爸爸有「血液黏稠」問題，以後得終身服藥。

看到兒子回來，爸爸臉都笑開了花，趕緊叫小明坐到身邊。小明抱怨著爲什麼不第一時間叫他回來，爸爸只說：「你好好忙工作，別擔心家裡。」

離開醫院的時候，爸爸的老同事周叔叔叫住了他，把他拉到轉角處。

「周叔叔是看著你長大的，和你說件事，你要放在心上。」小明點點頭。「你將來有什麼打算啊，有沒有考慮過回老家？這幾年，我和你爸商量最多的，就是你的事。他想在退休前，趁著還有點關係，幫你在公家機關安排個工作，讓你回老家來。北京是好，繁華，熱鬧，機會多。但你看過了，闖過了，也可以了。那邊壓力大、消費高，家裡也無法幫你買房。你們家就你一個兒子，父母年紀也大了，最後還是要回來的。」

周叔叔看了一眼病房方向，壓低聲音說：「你爸是個好人啊。工作踏踏實實的，能力很強，就是不會逢迎上級，所以一輩子都是基層公務員。」他頓了一頓，拍拍小明的肩膀，「他總說，這一輩子沒有什麼成就，唯一的成就，就是種了一棵樹，樹上結了個果子，就是你。」

說完，周叔叔就轉身進去了。

晚上，小明躺在床上，失眠了。小時候，他每天都覺得起床好難啊；長大了，才發現睡著更難。枕頭和被子散發著熟悉的味道，不管外面有多大的風浪，只要一回到家，一聞到這種味道，他的心就會安靜下來。小明是在小學四年級時住進這棟房子的，從那時候起，小明就睡在這張小床上，一直到讀大學離家。他不在家的日子裡，父母一直讓房間保持原樣。牆上還有當年買的柯比海報，桌上則擺著高中時風靡的《火影忍者》和《變形金剛》公仔，因為經常被擦拭，鮮亮如初。

小明想起白天看到媽媽的白髮，又想起爸爸說的，一輩子只種了一棵樹，果子就是自己。他從眼眶中泛出淚珠，心想，爸爸、媽媽很愛我，他們老了，很需要我，也許，我真的應該回家。但他太熟悉這座城市了。別說什麼新行業，就算小明熟悉的行銷策劃、品牌管理的工作，在這個城市也找不到。

做市場調查的時候，他也順道搜索了這裡的職缺，來來回回，只有銷售相關工作。難道跟其他同學一樣進公家機關上班嗎？但想起那種一眼能看到盡頭的工作職涯，他又實在沒辦法接受。

我不想要這樣的生活。但我該怎麼辦？

過年那天，爸爸出院，全家人在一起吃了頓溫馨的團圓飯。才年初四，小明就藉口說工作忙，太晚回去會不好買票，便匆匆趕了回去。他想見胖子一面。

自古忠孝難兩全，大城市的床還是小城市的房？胖子，如果是你，你會怎麼辦？

12 選城市：一線學習，二線發展，三線安居

沒想到大年初五的晚上，慵懶的胖子竟然已經開店了。春假期間的CBD，一個客人都沒有，咖啡館似乎專門在等他來。

小明從自己做了徹底的行業調查、整理履歷的事都和胖子說了，最後也說了爸爸住院的事。

「我是不是應該回老家，這樣才算孝順呢？」

「孝順是應該的。不過要選擇最有效的方式。我來幫你算個命吧。」胖子說。

「你？還會算命？」

「我說的算命，是計算壽命。人生是有一定規律的。你有沒有想過，你父母什麼時候最需要照顧？你爸現在大概五十五歲左右，你工作五年，應該也是二十七、八歲了。

六十到七十歲是叔叔、阿姨的**精力期**，這個階段，他們身體依然很好，會出去旅遊，完成些年輕時候的夢想，做些一直想做但之前沒空做的事。如果家裡需要，很多人會幫忙帶孫子。

七十到八十歲，叫**維持期**，這個階段，叔叔、阿姨的身體狀況會開始走下坡，重要的是維持身體精力。這個時候他們無法做粗活了，身體也規律性地頻出毛病，這時最重要的任務，是幫他們重新裝修房子，或者搬到更加舒適、醫療條件更好的地方去。對了，這個時候在老家，記得多交幾個醫生朋友。

八十到九十歲，是**衰老期**，這個時候他們的生理和心理狀況都衰退得很快。他們需要有家人陪伴，有足夠好的醫療和居住條件，這非常重要。你算算，你父親從七十五到八十五歲的這十年，你多大了？」

這個命算得好殘酷啊，小明從來不敢想父母有一天會離開這件事。但他知道這是必要的。他算了一下，自己大概四十八到五十八歲。

「對，當你四十八到五十八歲，這才是你的父母最需要你的時候。這時候你還要照顧家庭，假設你兩年後結婚，再兩年後有小孩，小孩正好十六歲，正面臨考大學的關鍵時期。這些都需要你有足夠多的時間和心力、財力、物力來照顧。

我想問你，到時候你憑什麼來照顧好他們呢？這需要你有強大的自己。這恰好是未來二十年，你最應該做的事——盡量發展自己的未來。」胖子又補了一句，「當然，前提是現在你爸媽沒有大毛病，不需要你每天在身邊照顧。」

小明從來沒有這麼想過。

他問自己，我現在放棄發展，回老家陪伴父母，到底是我在孝順他們，還是住在家讓他們照顧我？如果我現在就回去做不喜歡的事情，我在四十多歲的時候，有把握眞的會不後悔嗎？

「人生有規律，而職涯發展也有一定規律。二十到三十歲，主要在職業裡找自己，選擇長遠發展方向；三十到四十歲，則是在專業和管理上深度發展；四十到五十歲，需要穩固住自己的位置；五十到六十歲，尋找自己的第二座山，尋找人生意義。

當然，這都是數字和機率，人不能完全靠機率和理念活著，眞實的人生才重要。」

「那你，你會怎麼選呢？」小明問。

「哼哼，我怎麼選都是我的選擇，不是你的。」胖子話鋒一轉，「還是聊回你吧。就好像你思考行業趨勢一樣，我們先不著急聊選擇，可以先研究一下選項。」

說著，胖子在餐巾紙上，畫了一個雙向箭頭，然後在箭頭的一邊寫上大城市，另一邊寫上小城市。

「我們玩個遊戲，我說大城市的一個特色，就換你說小城市的一個特色。如何？最後誰拉出的面向多，誰就贏。」

「好啊！有趣。」

胖子說：「我先開始啦！大城市機會多，但收入高、消費高。」

「小城市機會少、收入低、消費低。」

「大城市利益取向，比較公平，是個職場。」

「小城市資源取向，看重人際關係，是個……官場。」

……

一番討論後，箭頭下密密麻麻地列了很多描述，竟形成了表格。

大城市V.S.小城市

	大城市	小城市
發展機會	機會多	機會少
消費	收入高，消費也高，須付房租，收入可支配少	收入相對低，消費也低，可住家裡，收入可支配多
優勢工作	好工作常在大型公司、外企、菁英小公司	好工作是公務員、銀行單位等，多是公家機關或國營單位
職場文化	陌生人社會、商業文化、結果導向	熟人社會、關係文化、人情導向
家庭工作平衡	離家遠，難以平衡生活	離家近，可以照顧父母
文化環境	文化多元、包容、創新	文化單一、保守，也更穩定
公共設施	公共設施完備，教育與醫療條件好	教育與醫療資源相對匱乏

隨著討論方向越來越廣，小明的思緒也慢慢清晰起來，此刻他最看重的是發展機會、文化環境和優勢工作。

然而，家庭工作平衡，是他很重要的一個底線，如果父母親有一天需要人照顧，他會毫不猶豫地回到小城市。胖子很認同他的想法。

「做選擇的原則是：先看選項，再看選擇。此外，還有一個原則也很重要：就是選擇有更多『選擇權』的那個。」

「什麼是選擇權？」小明問。

「就是自由度更大的選項，比如說，選了A，以後能退回到B，但是選了B不能選A了，那A的選擇權就更大。選擇權更大，意味著你更自由。」胖子說。

「所以，如果我一定要成爲公務員，三十三歲之前，還是可以去大城市闖蕩，因爲我隨時還回得去。但到了三十三歲那年，我必須做出選擇——要不要回去拚國考。因爲現在一超過三十五歲，就會失去考試資格，我也就等於失去選擇權了，是不是？」

胖子點頭：「每個階段，人注重的事物不同。比如你提到，父母突然得大病，你一定會回去。一家人在一起，什麼都好說。這就是最大限度保護自己的人生選擇權。」

小明心裡已經有了定見，他仍然決定留在大城市試試看。他也想告訴爸媽和周叔叔自己的選擇過程，讓他們理解自己。

想到這裡，小明嘆了一口氣，說：「就沒有能兩全的辦法嗎？」

「嘿，你別說，還眞的有。」

這個死胖子，爲什麼不早說！

「哈哈，我也是才想到。在我們二十多歲時，這個問題眞的無解。不過這些年，網路越來越發達，很多工作都能在家辦公，產業中心也越來越分散，而且，高鐵更發達了，圍繞大城市形成了鐵路網。

京津冀、長三角、珠三角都有高鐵網。你看上海周邊的城市，杭州、蘇州、南通、無錫都是一小時就能抵達。這就有可能出現一種新的工作生活平衡的方式，叫『在一線學習，在二線發展，在三線安居』。」

是的，我們公司的史姐，就是在北京上班，天津買房子，每天搭城際地鐵上班。小明在心裡想。

「我有一個深圳的朋友，年輕時在華強北的手機零件製造工廠上班，房子就租在附近，上班方便。後來自己創業，爲了降低成本，總部坐落在東莞。最近，他在惠州西湖邊的大樓買下一戶，將父母都接過來。這樣他每天坐一小時高鐵到深圳洽談業務，再去東莞巡視公司，晚上再回家住。」

一小時跨城上班，小明吐吐舌頭，這和自己在北京通勤好像也沒什麼區別。

「在一線學習，在二線發展，在三線安居」的策略，在今日網路和高鐵都十分發達的時代，也是個好選擇。

胖子說：「你找新工作的時候，別光盯著北上廣深（北京、上海、廣州、深圳），如果有離家近的二線城市，是不是也是個好機會？」

第13 四句行動咒語

今天是小明在北京的最後一天，小明收拾完行李，想和胖子告別。

過去半年，每當他端起咖啡，總會想起胖子沖第一杯咖啡給他的那個夜晚，因爲下班路上追著餵一隻野貓，抬頭看見了不上班咖啡館。小明想起他和胖子的對話：

「咖啡館的名字怪有趣的。爲什麼現在才開門啊，你們主要是做宵夜場的嗎？」

「不，我主要賣咖啡。因爲下班後，才是上班族最清醒的時刻。」胖子眨眨眼。

小明還記得胖子的那個 Speed Up 的手勢，以及他講的幾句話，胖子把它們稱爲「行動咒語」。每次小明自己動不起來，他就對自己「念咒」：要追不要逃。別把眼睛交給別人，交給自己和眼前的路。想都是問題，做才是答案。

過去這半年發生了什麼呢？

根據覺醒卡的建議，小明研究了大部分的新能源車公司的徵才資訊，搜集了各種應徵所需條件，開始訂閱和關注這個行業的新聞，時常點開每間公司的官網和社交媒體帳號，去每間實體店面感受不同的車型和服務，觀察各種買車的人，逐漸對於不同的人需要什麼車有所定見。

十月的時候，他請了一天假去參加行業展覽會。也就是在那裡，一名參展的經理告訴他，他原來是做房地產銷售的，當年就是研究了這家公司的銷售流程後，寫了一份調查報告和改善計畫，並帶去面試，才順利轉職。這對新進行業的人來說，是超級加分的項目。小明也打算這樣準備。

有趣的是，他對現在的工作也沒那麼厭煩了。他開始以跳出職位的角度看待這份業務，在觀察過程中，他知道自己和行銷高手具體差在哪了，過去很多流程他只是熟悉，並不知道為什麼如此安排，現在他要盡快理解吸收，還要帶到新行業裡去。

另外，他的資料分析、活動策劃能力都很弱，這是新行業裡很需要的技能，為此他還報了個相關課程惡補。最後，他還缺乏管理經驗，於是主動參與了公司的幾個專案，年底，他竟然帶領小團隊打了個漂亮的小勝仗。

就在老工作這條驢背上，他學會了所有未來的騎馬技術。有了自己的目標，難熬的工作也有趣起來。至少他不再覺得自己是個工具人——某種程度上，他反而覺得老闆變成了實現自己目標的「工具人」。同事抱怨工作多讓收入變少的時候，他只是笑而不答。

如果你不準備活成他們的樣子，你又何必管他們怎麼過日子呢？

不過錢還是蠻重要的，年終，主管主動替他加薪了十五％，但一個月下來，扣掉房租、生活、交際支出後所剩無幾。他還花了些錢去學習進修，偶爾參加京城運營人的聚會，見見風雲人物。

但他已經不再爲錢發愁了。我是在帶薪學習呢——小明還覺得自己賺了。

一方面是工作眞的忙，一方面也想藏個大招，小明就一直沒聯絡胖子。一會兒告訴他，我準備離開北京，肯定會嚇他一跳。小明心想。這個機緣，胖子你肯定沒料到！

因爲要小步快跑，不斷探路，小明決定把自己的成長紀錄和研究心得寫成文章發布到自己的社交媒體帳號上。他的目的不是當網紅，而是倒逼自己輸出，也想多認識些同行。他半年寫了二十多篇原創文章，累積了兩千多個粉絲。一開始粉絲都是自己的朋友，慢慢地，也吸引這行的從業人員加入，有了實際的行業現況探討，帳號的內容也更扎實了。

直到有一天，一名網友發來一則徵才啟事，是業內一家龍頭企業的職位。

「感興趣嗎？我把你推給我們ＨＲ。」

「我……可以嗎？」

「看過你寫的文章，你沒問題的！」

於是，小明遞過去了自己改好的履歷。

Ｈ公司是一家國際上著名的通信企業，合作的新能源車，企業總部設在重慶。需要兩週內到職，兩年內，一款針對年輕人的新車型要上線，他們希望有創意的行銷團隊加入這個項目。

雖然很不捨得北京，但小明決定抓住這個機會。而且重慶到畢節只需要搭四個多小時的高鐵，他可以常回家看看。一線城市學習，二線城市發展，三線城市安居。重慶是個不錯的新天地。

小明盡快交接完自己的工作，臨走的時候，老闆還極力挽留，說正準備升他當經理，讓他帶領更大的團隊。

小明婉言謝絕。收拾好物品後，正好是下午五點，小明走向咖啡館的那棟樓，想和胖子告別。他突然發現，認識這麼久，都還沒加胖子的聯絡方式。

如果還沒開門，就坐在門口等一會兒吧。

這次，是我獨自做出的決定。一想到胖子聽到這件事的吃驚表情，小明就忍不住笑了起來。一會兒再幫他擦一次車，讓他開心一下——想到這裡，他加快了腳步。

然而，咖啡館，不、在、了。

不是關門了，不是暫停營業、旺鋪招租式的不在，而是物理上的不在——整間店面消失了。

原來咖啡館的地方，牆面平平整整，落地玻璃窗乾乾淨淨，映出自己和背後的椅子。正是在這個長椅上，他回頭，看到了在看板下抽菸的胖子。

咖啡館呢？小明後退幾步，看看四周，再次確定自己沒走錯地方。

他走進對面的一家便利商店，詢問櫃檯後的年輕店員。

「你好，你知道對面那家咖啡館嗎，是關門了嗎？」

「哪家？」

「就你們正對面那家，叫不上班咖啡館。只在晚上營業的那間。」

「不知道。可能是以前開的吧。我是去年才來的，沒看過。」

「不可能啊，我半年前還來過。」

小明拿出覺醒卡，指著LOGO說，「你看，就是這個。」

但店員的態度卻已經有點不耐煩，「不知道。先生，你要買什麼嗎？」

小明只得退了出去。他看看手裡的覺醒卡，翻過來，突然發現，不知道什麼時候，後面的字又變了。

小子，看到這封信，我知道你已經上路了。只要上路，就不會失敗的。

咖啡館只有需要的人才看得見。要追不要逃，向前走，Speed Up！

等你需要時，我們會再見面。

如果遇到難關，記得我教你的行動咒語：想都是問題，做才是答案。

隔天，前往重慶的高鐵上，農田和城市在窗外飛逝而去。小明看著窗上映出來的自己，在心裡默默地說：胖子，我有了一句新的行動咒語——

勇敢上路，世界會給你意想不到的回報。

在北京上班的只有兩種人，一種在這城市裡挖到了金子，一種在這裡弄丟了自己。

我，小明，兩種人都是，自從我喝了一杯讓上班族醒來的咖啡。

胖子老闆的咖啡手記

「理想主義花朵」咖啡：瑪奇朵

瑪奇朵（Espresso Macchiato）中的 Macchiato 原為義大利語，是「印記、烙印」的意思。瑪奇朵是在濃咖啡表面加上薄薄一層熱奶泡以保持咖啡溫度，咖啡師們會在奶泡上作畫，留下印記，所以瑪奇朵是所有咖啡裡最有變化的。細膩香甜的奶泡很好入口，但往下喝，卻是現實主義的濃烈苦澀。正如每個剛剛進入社會的人，美麗又苦澀的頭幾年。

這個名字來源於尼采的名言：「理想主義的花最終會盛開在浪漫主義的土壤裡。我的熱情永不會熄滅在現實的平凡之中。」

Chapter 2

全職媽媽的覺醒

打造人生劇本，讓每個角色在生命舞臺中平衡

01 全職媽媽的苦難

一切都在這瞬間驟然爆發了。

我怎麼會從一名光鮮亮麗的職場白領，變成穿著拖鞋，站大街上，邊哭邊吃草莓的怨婦呢？木子忍不住地想。

從超市回家的路上，有人在社區門口賣草莓。鮮紅的外表，油油的綠葉，老闆灑上了水，被燈光照著很是好看。一盒一百三十四元，有點小貴，大概是小孩一天的奶粉錢。木子走過幾步，又回頭忍不住買了兩盒，她以前還在上班的時候，最愛吃草莓了。

吃完晚飯收拾好後，婆婆正抱著孩子逗弄，而木子則隨便套了件休閒服，拿了一盒草莓準備出門。

婆婆追上來問：「妳要去哪啊？」

她拉開鞋櫃，一邊換鞋一邊說：「請大家吃啊。小廣場會碰到很多媽媽，大家帶水果相互分享，我今天也帶一點，總是吃別人的不好意思。」

婆婆的臉馬上就垮下來了：「妳花錢怎麼總這麼大手大腳啊！草莓那麼貴，寶寶和我都捨不得多吃。就不能把家裡吃不完的橘子拿過去嗎？再說，別人給妳吃，妳不要不就好了嗎？」

木子的頭嗡一聲，似乎被電流電了一下，全身的毛都炸起來了。電擊之後，一種深深的委屈感從胃部湧上，鎖緊喉頭，眼淚不爭氣地流下來——她顧不得擦掉，此刻唯一的念頭，是盡快離開。

她迅速穿上拖鞋，提著袋子衝進電梯，還是隱約聽到了婆婆對老公的抱怨：「你這個太太啊，真的不怎樣，自己不賺錢，還嬌生慣養，花錢大手大腳……」

剛出樓下大門，老趙的語音訊息就追過來了，木子直接轉成文字——她現在沒辦法聽見這人的聲音。

老趙果然還是慣性和稀泥：「妳別生氣，媽沒什麼惡意，她在鄉下生活慣了，比較節省。就唸個幾句，別放在心上。」這比不說更可恨。

木子漫無目的地走著，早就沒了聚會的心思，自己也無處可去。現在才晚上快七點，她拿起電話，約May見面。

她們是大學同學，過去交往不深。自從木子搬來北京，兩人突然變成了無話不談的好姊妹。她就在附近的CBD工作，現在搭車過去她正好下班。木子準備去百貨公司隨便買雙鞋，再找家店坐坐，兩個人正好敍敍舊。May爽快地答應了。

但才剛上車，May便傳來訊息：「親愛的，對不起、對不起！剛才想起來今晚還有攤應酬飯局，實在沒有空，約改天好不好？說好了，下次我請客、我請客，愛妳哦。」

木子連忙回覆這個大忙人：「妳忙妳忙，沒事，下次約。」

大家都在忙，只有自己渾渾噩噩的。木子嘆了一口氣。但現在，木子不想回家，就還是去了CBD，四處亂逛。

此刻是晚上八、九點，無家可歸、無人可談的木子，腳踏拖鞋，坐在CBD一角的長椅，自己吃了半盒草莓，終於忍不住大哭起來。

也就是在這個時候，她看見了「不上班咖啡館」的招牌。老闆覺得不上班很爽嗎？那是他沒做過全職媽媽！我想要上班！

上班時的木子，生活可不是這樣的。

兩年前，木子是一名室內設計師，她是建築學碩士畢業，二十五歲入行，進了一所設計院工作。她趕上一個好時機，參與了許多設計專案，其中最著名的，是爲一家五星級酒店設計頂樓的觀海行政酒廊。

她結合了北歐簡約風和中國壁畫元素，配合面朝外灘的全景落地窗，酒廊很快變成了火爆的網紅打卡點。也因爲這個項目，才剛入行四年的木子漸漸有了名氣，前途大好。

那時的設計師木子，著一襲白衣，身披卡其色風衣，腳踩細巧的高跟鞋。一雙靈動的眼睛，妝容淡雅，眼線勾出靈氣，耳邊的小珍珠煞是可愛。報告提案的時候，她往螢幕前一站，舉手投足間，專業又親切，本身就是一道風景。

後來，她認識了先生志輝，婚後搬到了他所在的城市北京。木子三十一歲時，這個甜蜜的家庭有了一個女兒，起名佳一。佳一，佳一，代表著幸福的二人世界增加了一個小寶貝。起初，木子的妊娠反應很嚴重，設計師又常接觸裝修屋的油漆，加上志輝收入也不錯，於是她就辭職成爲了全職媽媽。誰能想到，這就是噩夢的開始。

回想過去上班的日子，木子覺得那才是眞正的解脫。想著想著，她發現自己不知道什麼時候走進了咖啡館，坐在吧臺前，雙眼紅腫，拖鞋踩在吧臺底部的鐵管翻看菜單。

咖啡館裡，劉若英正在唱〈後來〉：「後來，我總算學會了，如何去愛……」這是她去唱KTV必點的歌，現在聽起來，竟然還蠻應景的。

店裡沒有幾個人，咖啡館老闆是個胖子，身穿工裝吊帶牛仔褲，內搭一件白色T恤，頭戴鴨舌帽，臉上有雙孩子般的眼睛。看見她這個樣子，也似乎並不覺得奇怪，只是點點頭說：「來啦。」

隨手遞過一杯水，還有幾張紙巾。「要喝點什麼，慢慢看。」

過了一會兒，見木子還沒點單，胖子在咖啡機後操作一番，隨即端上來一杯奶香四溢的熱咖啡。

「我們店的規定，第一次來的客人，第一杯免費。」看木子有點吃驚，他點頭笑笑：「這是低咖啡因的，媽媽也能喝。」

好奇怪，他怎麼知道我是媽媽。

木子低頭看看自己此刻的造型，也難怪，用這副邋遢樣在街上閒晃，不是全職媽媽是什麼？我這樣看起來確實不太得體——不過，我爲什麼非得看起來得體呢？木子想，並趁沒人注意時，用紙巾擦了擦紅腫的眼睛，喝了一口咖啡。

香醇溫熱的液體下肚，木子空蕩蕩的心似乎暖了一些，心情也緩和一點。她這才意識到，自懷孕以來，自己再也沒喝過咖啡。她朝胖子點點頭，努力擠出一抹微笑。

「看妳心情有點糟啊，遇到什麼難事了嗎？」胖子一邊收拾杯子，一邊不經意地問。

「啊，沒有，沒事。」木子不想展開這個話題。

你怎麼會懂全職媽媽的苦衷呢？木子想。

孩子生下來以後，木子很快發現，生孩子可不是加一個人的事，而是換了一種人生。

寶寶自從回家後，前幾週一直在哭，木子根本睡不了覺，滿耳都是哀號。即使寶寶不哭，她也經常以爲自己聽到了哭聲。好不容易哄寶寶睡著了，木子才能鬆一口氣，但下一刻又開始害怕她醒來。

每天晚上，木子還要起來餵三次奶，只能短暫入睡幾小時。即使睏成這樣，她也時常睡不著。很多個夜晚，她焦慮不安，只能穿著睡衣在房間來回走動，無法在同一個地方待太久。由於人手不夠，志輝把他媽媽接到家裡，這個小小的兩口之家，變成了三代四口人。老趙（不知道什麼時候，木子對志輝的稱呼變成「老趙」了）也感覺到了經濟壓力，他更加忙碌，回家時間越來越晚。

懷孕時期，木子簡直是千人寵、萬人愛，媽媽和婆婆關懷備至，老趙也常和木子聊聊天，看看電影。但現在，婆婆眼裡只有孫兒，老趙深夜回到家，逗逗孩子，倒頭就睡，夜裡彷彿聽不見小孩的哭聲。婆婆則像是監工，木子每做一件事她都要插話，每次買東西回來都要追問價格。二十四小時離不開人的寶寶，每天幾小時的睡眠，婆婆全程監視，沒有人可以說話……

木子經常做一個夢，夢到自己被困在單人牢房裡，像是在服無期徒刑的苦役。老趙、婆婆、朋友偶爾會從門口的小窗探望她，她想走過去喊他們，卻發現腳下一沉，被腳鐐銬住，而另一端連著自己的孩子。不過這些事，木子說不出口，更不會對胖子說——一個陌生的男人，會懂什麼呢？

胖子背對著她，繼續擦拭杯子，開始說話，像自言自語，又好像在說給木子聽：「看到門口那輛摩托車沒有，那是我的車。遇到難過的事，無人能訴說，也沒人能懂，我就會騎車出門。我不知道要去哪裡，也不知道什麼時候停，我就一直騎一直騎，騎著騎著，心情就慢慢好起來。」

他舉起手，比了一個騎車的手勢：「**對騎士來說，道路在傾聽，走了多久，道路就會聽多久。道路沒有答案，只是靜靜傾聽，但是有時候，行走本身就是答案。**」

說著，他又指指四周。

「我之所以喜歡咖啡館，並不是因爲喜歡喝咖啡，而是喜歡聽人說話。放下咖啡杯後，人們就開始說話，他們需要這個，他們沉重地走進這裡，背負成堆的祕密，然後又輕鬆地走出去，只留下了一堆沉甸甸的話。一個煩惱變成了半個煩惱，一份快樂變成了兩份快樂，還有的時候說著說著，靈感就來了，突然就知道自己要去哪裡，要做什麼，像騎車一樣。對於他們來說，咖啡館是內心的公路，說話是他們的引擎聲。

如果妳願意，我也是道路之一。我的確什麼都幫不了，也很難體會妳的處境，但我願意一直認眞聽。」

沉默了大概三分鐘後，木子終於開始輕輕地說話。語調輕柔地似乎也沒有要講給誰聽，而更像是自說自話。她開始講自己的故事，講追尋的設計師夢想，講婚後短暫的甜蜜，講自己無期苦役的噩夢。講著講著，木子明顯覺得胃裡面沉甸甸的感覺少了許多，思緒也明顯輕快了起來，偶爾講到自己的難堪，甚至還會發笑。

講話似乎比醫生開的左洛複（Zoloft）[5]還見效，木子想。

直到老趙打來電話，她看一眼手機，不知不覺已經晚上十點了。木子擔心寶寶發生了什麼事，才接起電話，就聽到老趙著急地問：「妳在哪裡？社區走了幾圈都沒看到妳。問誰都不知道妳去哪了。」老趙聽到她在咖啡館，問清楚地址後，說要開車來接她。

老趙來的時候還帶了一件衣服。木子接過放在一邊，先詢問了寶寶的情況，聽到婆婆已經哄睡了，於是說：「我想再待一會，等等會自己回去。」

老趙說：「算了，別和媽嘔氣了。她也是好心想要替我們省錢。等等回去路上，我買草莓給妳。」

說到草莓，那股委屈感一下子又湧了上來，她朝老趙大喊：「這是草莓的問題嗎？我說了，你先回去，我一會自己回去！」

老趙有點吃驚，他認識的木子溫文爾雅，很少發這麼大脾氣，還是在外人面前。

他看了一眼周圍，覺得有點尷尬，咬了下牙，低聲勸道：「不就只是在家裡帶小孩，

5　編註：治療憂鬱症的藥品。

做家事嗎？就連我媽也來幫忙了，有什麼扛不過去的？我在外面接待客戶，還要伺候老闆，兩頭都要哄，現在就連妳還要我哄，我就很輕鬆嗎！明天要交的方案，今晚還要加班做出來……別鬧了，早不鬧晚不鬧，偏偏這個時候鬧。」說著說著，老趙語氣不耐煩起來。

木子聽著，臉色越來越差，聽到這個「鬧」字，徹底爆發：「你以爲只有你辛苦、你委屈嗎？我就不辛苦、不委屈嗎？每天晚上起來四次餵孩子，還每天被你媽數落，我累不累？老趙，不然你和我換一換？我要是去上班，賺得可不比你少！」

說完，徹底轉過身去，眼淚又不爭氣地流出來。

02 看不見的女人，困在隔音的家庭裡

「這位先生……哦哦，老趙。」胖子上前打圓場，打破他們的僵局。

「老趙，你先別著急。喝杯咖啡，這杯送的。你先坐一下，木子有很多心事，你不知道，她正在說給我聽。你願意聽聽嗎？」

「你是誰？從哪冒出來的？爲什麼打斷我們說話！」老趙看著不知道哪裡冒出來的胖子，心裡很是反感。

「這是我朋友！能不能放尊重點！」木子想維護唯一聽自己說話的新朋友。

老趙聲音降了下來，只是喃喃自語：「木子有什麼心事我不知道的？」不過想到一會兒還要熬夜趕方案，需要咖啡因，就接了過來。奇怪，這咖啡喝了幾口，他的情緒也平復了不少。

胖子此刻卻不再提心事，反而拋出一個問題給老趙：「老趙，請教你一件事。木子說你事業很成功，手下管理著好幾十人，我想你一定很擅長管理吧。我手邊有一個職位，能不能麻煩你看看，一個月的薪水大概要開多少？」

「什麼職位啊？」

「這個職位每週工作七十七小時，加班時要到一〇五個小時。從早上七點到晚上九點，全年無休，沒有年假。而且常常需要上夜班。工作內容比較雜，有六種不同類型的工作來回切換，但只是個基層員工。我想知道，這種工作一年年薪得開多少啊？」

咖啡館原來也這麼會剝削人了？老趙心想。「這工作強度，你就開個高於市場上兩、三倍的薪水吧。不過這要看市場上的替代性。要是門檻低，還能少一點。」

「這個位置沒有替代性，這工作只有她能做，也沒有升遷管道。」

「那就沒辦法了，你只能給到你能開出的薪水上限了。不過這工作聽起來這麼操，沒人能做得久。」

胖子說：「但這就是木子現在的全職工作內容。」

老趙聽著一怔，旁邊的木子也意識到，這個話題就是在討論她，忙轉過身來聽。

「英國的女社會學家安・奧克利（Ann Oakley），從自己親身體驗得出女性的家務工作被遠遠低估的結論，在二十世紀七〇年代，她按照社會學方法，把家庭主婦當成一份工作來研究。

她訪談了很多主婦，最後得出一個結論——一個主婦平均每週的工作時間，是七十七小時。在帶孩子的前幾個月，是每週一〇五小時，遠超『996[6]』的七十二個小時工時。這個工作每天從早上七點到晚上九點，沒有週末和節假日，沒辦法請年假。

同時，她發現**主婦工作雖然被統稱為『家務』，但這裡面其實包括了六種工作，分別是清潔、購物、做飯、洗碗、洗衣、照顧孩子。**這六種工作裡，清潔、做飯、洗碗、洗衣周而復始，身體最累；購物相對來說最輕鬆，因爲是消費，而且能出去透透氣，見見人，比較愉快；帶孩子精神壓力最大，尤其是新手媽媽，神經長期處於緊繃狀態，不知道會發生什麼事，是一種精神的苦役。」

原來天下的女人，境遇是一樣的，五十多年前的英國主婦和今天的我，沒有什麼兩

6 編註：指早上九點工作到晚上九點，一週工作六小時的制度。

樣。木子對這個研究更好奇了。

「在奧克利那個年代，電腦還沒普及。今天，清潔、做飯、洗碗和洗衣，都有機器協助，甚至能夠外包。雖然購物也可以不用出門，但其實人也變得更孤獨了。不過對帶孩子的要求，在今天卻前所未有地複雜。

過去的主婦大多只需要基本保障孩子的生存，而今天的主婦還要關注孩子的身體和心理健康，操心他們日後是否能成才，總之，有很多發展需要。」

木子聽得頻頻點頭，這個女社會學家，簡直是她的「嘴替」。

「所以，**家庭主婦——現在叫全職媽媽的工作，即使放到職場，這也是一份高強度、高負荷、高技能的工作**。」胖子嚴肅地說。

「我知道她累，但我也有幫忙帶小孩啊。」老趙既委屈又激動，「我除了工作，剩下所有時間都奉獻給家裡了，人一天就二十四小時，你還要我怎樣?」

其實，我只是想你誇誇我，對我說聲「辛苦了」。木子動了動嘴唇，還是沒說出口。

「哈哈，奧克利的研究，也包括丈夫們的參與程度。她的結論就是，男性基本不參與家務事的，默認都是女性負責。因爲他們不參與，所以完全不知道這些工作有多瑣碎，也常常低估她們的價值。而他們自己認爲分擔的『帶孩子』，其實也只是每天陪孩子玩十五分鐘，最漫長和瑣碎的部分，他們根本不知道。你也許會說，請個清潔人員就好了。清潔人員確實能負責一些基本家務，但孩子的陪伴和教育，都是沒辦法外包的，卻也是最有價值的。也許，木子只是想讓你知道，她的付出也是有價值的。」胖子繼續說。

「我當然知道當媽媽很累，但這就是社會分工啊。男主外，女主內，我出去賺錢，女生天生就擅長操持家務和帶小孩，而且木子也是自願的，她也很愛孩子，不是嗎？」老趙額頭開始冒汗，卻還在最後掙扎。他說完這句話，轉頭看向木子，希望獲得認同。

「不是這樣的！這話說出來你可能不愛聽，」胖子正色道，「但是奧克利調查了四十七個家庭後，發現沒有一個女性表示自己天生就熱愛家務，反而有七成女性提出自己對目前生活的滿意度很低。當時一些心理學家還試圖證明女性有一種『希望把事情收拾得一切井井有條』的神經質，這樣就能證明女性天生適合家務，適合做細緻、有條理的事，而男性適合做需要創意和勇氣的事——這也很快被證明是一派胡言。

根本不存在什麼女性更擅長家務，喜歡帶小孩，只不過是她們主動或者被迫做出犧牲罷了。所以，爲什麼一定是女性留在家裡，男性出去賺錢呢？」

「照你這麼說，難道我們應該都出去上班，僱保母在家帶孩子，才叫公平嗎？」志輝有些急了。

「那是你們家庭自己的安排，我只是想告訴你全職媽媽的工作價值。公平地說，男性的確也很辛苦，老趙，你獨自挑起家裡的經濟重任，讓木子安心帶小孩，這個是很不容易，很負責任的。但木子不是一睜眼就在伸手要錢。作爲父親，你本來就有義務承擔一半的經濟支出。再說，媽媽對於孩子的教育是無價的。所以，如果真的把這份工作標上一個價格，以大部分男性收入，未必支付得起哦。如果你媽媽看到了這筆帳，她也就不會覺得木子就是伸手要錢，花錢大手大腳了。」

老趙沉默了，而木子則想起了一件傷心事。

一次家庭聚會的時候，老趙當衆幫孩子換了尿布，惹得所有親戚朋友圍觀誇獎：「爸爸眞厲害，一看平時就沒少幫忙帶小孩。」她平時把孩子照顧得那麼好，爲孩子做那麼多事情，大家都覺得是理所當然的，甚至比不上爸爸換一次尿布。那一瞬間，她覺得這個媽媽當得眞是毫無價值。

胖子繼續說：「而且，木子還付出了很多沉沒成本，她放棄了設計師的職業發展，轉型當媽媽，爲家裡省了很多錢。這筆錢有多少呢？依據聯合國在二〇一八年統計，女性的家務和照顧工作如果換算成金錢，能占到GDP的十%至三十九%。中國占比是十八．六%。這些是不是木子爲這個家賺的呢？

所以，奧克利把全職媽媽叫作『看不見的女人』，女性在家務中的付出、價值，都在社會中自動隱形了。她這樣形容全職媽媽：『**看不見的女人，被困在隔音的家庭裡，無聲地工作。**』」

木子表面平靜，心裡卻幾乎要大喊出來，「對對對！這就是我的感受！我的處境！！我的苦難！！！」她眼裡這時蓄滿了淚水，不再是因爲委屈，而是被深深地、深深地理解。

老趙在旁邊看著木子的側臉，不知不覺，她眼角已經出現了魚尾紋。他突然想起，當年第一次見到木子的時候，也是坐在這個角度看她的——那時他代表甲方出席，木子作爲設計院的設計師，正說明自己的設計方案。在那次方案會議上，木子那種蓬勃的生命力，源源不絕的靈感，因專業帶來的自信和穩定，隨著簡報一頁頁的流動，她就彷彿演奏家在指揮自己的音樂會。等方案講完，木子突然又變成了小女生，不好意思地左右看看，笑了笑，吐吐舌頭，坐了下來。

老趙就是在那個時候，愛上了她。

那時的木子，渾身都在發光。怎麼和自己在一起幾年，憔悴成這個樣子了？她實在爲家庭承擔了很多，犧牲了很多，想到這裡，他心軟了，語氣也溫柔起來。

「我可以再多做一些。」老趙柔聲道，「我可以早點回來，無關緊要的應酬我都推掉，就能早點回家。媽媽的事我們再商量看看，如果眞的處不來，就從其他地方再省一下，看能不能僱用到府保母幫忙。」

「老趙悟性不錯啊。」胖子對老趙豎了豎大拇指，「看來奧克利是對的，她說**當看不見的女人被看見，就會有更多人醒來**。所以她寫了一本書，叫《看不見的女人》。」

他又轉向木子說：「妳見過單向玻璃嗎？就是電視劇裡警察局常出現的那種——從外面看是普通的鏡子，但是當房間裡的燈打開，從外面就能看到房間裡面。人們無法相互理解，是因爲他們以爲自己是在看別人，但其實看的是單向玻璃中的自己。老趙不是壞人，他只是活在自己的單向玻璃世界，從來沒有看清妳的眞實處境。但當妳房間的燈點亮，他就能正視妳的房間，也就能理解妳身上發生的一切。」

木子看看老趙，這些年，這個當年的大男孩，成熟和隱忍了許多，爲了這個家，他也著實付出了很多。她心情稍微緩和了一些，不再那麼委屈了。兩個人就這麼坐著，誰都不說話，但他們能感覺到，隔開彼此的那堵堅硬冰冷的牆，開始坍塌了。

回去的路上，老趙趁開車空檔，偶爾看向木子。木子坐在副駕駛座，臉朝向窗外。路燈打在木子臉上，一明一暗。亮的時候，木子就被照亮。暗的時候，車窗就映出木子的倒影，像是一面單向玻璃。她一會兒是職場女性，一會兒是全職媽媽。

木子對此毫無察覺，她還在回味剛才和胖子的對話。走的時候，她好奇地問胖子：「不過，我想不明白的是，這樣糟糕的工作，怎麼可能還有三十%的人感覺不錯呢？是他們家有錢，還是這些人天生就喜歡做全職媽媽啊？你這麼一說，我想起身邊，有很多人很自豪自己是全職媽媽的。」

胖子說：「這其中當然是有門道的，全職媽媽也是一個職業啊，和任何工作一樣，可以是苦役，也可以是爽文。怎麼做一行愛一行，這裡有很多竅門。不過今天時間不早了，老趙還要加班，你們先回去吧。這是我們的打折卡。歡迎下次再來！」

覺醒卡・看見女性

- 全身心地傾訴和傾聽，就是在解決問題。
- 全職媽媽的工作，是一項平均每週工作一〇五小時，遠遠超過「996」的高強度工作。
- 母職無薪工作若經換算成有償薪資，大概占到中國 GDP 的十八・六%。
- 全職媽媽不是在家享福、伸手要錢，而是高強度工作＋高壓力帶小孩的付出，加上犧牲職業發展的沉沒成本。
- 如果把全職媽媽的付出換算成薪資，大部分家庭不一定承擔得起。
- 看不見的女人要被看見，要自己打開工作的燈。

↘ 實際行動

不管最終如何，自我傾訴和看見也是一種解決問題的辦法，不妨試試回答下列問題：

（1）身為全職媽媽時，最讓你難受的「黑暗時刻」是什麼？（具體說出時間、地點、人物、心情……）

（2）在全職媽媽的工作裡，讓你最感動、最快樂的「閃光時刻」又是什麼呢？（也要具體說出時間、地點、人物、心情……）

完成上述任意一項任務，可免費獲得「可以不上班」咖啡一杯。
有效期 15 天。店主胖子擁有一切解釋權。

03 找回生活掌控感

木子找了一個下午，在家附近的茶館，整理了一下自己的「黑暗時刻」和「閃光時刻」。這段時間，老趙回家的時間明顯提早了，也積極幫忙哄小孩，小孩睡了以後，他和木子還會聊聊天、說說話。另外，老趙態度的轉變，連帶改變了婆婆的態度，她和木子之間的緊張緩和了一些。

胖子說得沒錯，當看不見的人被看見，就有人會改變，同時變也會改變整個家庭系統。但前提是自己要去開燈。這次是胖子替我開了這盞燈，下次，我要主動些，像那位女社會學家一樣，用資料和事實講清楚自己的處境。實在講不清，本公主就要和他們吵一架！**吵架也是一種溝通，至少比不溝通好**。木子想著，就把與老公和婆婆的關係，移出了黑暗時刻列表。

但是，全職媽媽的黑暗時刻還是不少。木子一下子就列出來下面幾項：

- 時間不受控，寶寶的、婆婆的、先生的，一天二十四小時根本忙不完。即使有碎片時間，也是低品質，根本什麼也做不了。
- 覺得心累，想睡睡不著，心裡沒有能量支撐，覺得日子過不下去了。
- 上網找資料……

木子列到第三條，自己也笑了起來。為什麼上網找資料會這麼黑暗呢？有時候寶寶一哭或者拉肚子，她就會上網找資料。但找到的答案，都是一大堆網紅的育兒原則。「六個月一定要……否則就會……」、「錯過孩子的……敏感期，會讓孩子缺失這幾種能力」、「寶寶沒有安全感的……表現」。不同的專家、學者、媽媽都在言之鑿鑿地告訴妳什麼才是最好的，然後又嚇唬妳一旦沒有做到這些事，孩子就發展遲緩了。這讓木子焦慮壞了。她報了很多課程、聽了很多堂，可是越來越覺得自己哪裡都做不好，尤其看了很多虎媽、虎爸的分享，覺得自己不配當媽了。

但是，當然，還有很多的閃光時刻：

- 孩子長大的每個「第一次」：第一次笑，第一次叫媽媽、爸爸，第一次坐起來，第一次能站，第一次走路，第一次摸小貓……這個矮胖小傢伙的每個笨拙動作，都那麼好看，那麼完美。

還記得寶寶第一次站起來，走出第一步那個瞬間，木子忍不住邊笑邊哭。人類登月的第一步，根本沒有此刻偉大。她心裡想：寶寶，妳長大的每一天，媽媽都沒有任何離開妳的理由，是的，每一天。

- 家裡偶爾乾淨整潔的時候。有時候我實在看不下去，會咬著牙大掃除一次。當所有東西都歸位，我坐在客廳喝杯茶，會覺得充滿成就感。
- 好好睡了一覺，世界都鮮亮了。
- 和姊妹們聚會、喝茶、聊天。

幸好有這個閃光時刻清單，讓木子覺得世界還沒有那麼糟糕。她收好清單，決定第二天去咖啡館再找胖子聊聊，順便表示感謝。

這個夏天熱得不正常，到晚上九點尚未轉涼。熱氣從地面蒸騰，幾公尺外的車和人被折射得歪歪斜斜。木子身穿一件白色無袖背心和一條修身牛仔褲，踩著一雙平底涼鞋，化了點淡妝，手上拿著一個大方盒子，一推開咖啡館的門，冷氣便撲面而來。

胖子正坐在櫃檯後，拿著幾種咖啡豆辨香，抬頭便見到一名女士拿著一個大盒子推門進店，上前和自己打招呼。他突然覺得有點眼熟，「妳是那個、那個……」

「那個前幾週來你店裡，坐在吧臺前邊哭邊吃草莓的人……」木子歪歪頭笑，「你可要記得現在的我啊，那天看到的不算，那是我一生最醜的模樣。對了，這個給你。」

說著，她遞給了胖子一個盒子，打開是一幅版畫。一隻小熊騎著紅色摩托車，背後是藍天白雲。

木子指了指櫃檯對面的牆。「我上次來，覺得你這邊的牆面太空，應該掛點東西點綴一下。我找了一個自己喜歡的設計師作品。」

「這怎麼好意思，讓大設計師幫我設計，還要妳破費。」

「怎麼，你能首單免費送咖啡，就不讓我首單免費送畫啊。快掛上。」木子笑了。

胖子很開心，找來錘子和釘子，叮噹一陣後掛了起來，接著退後幾步瞇著眼看，表示很滿意。

「我常想，如果我是一種動物，那就是熊。哈哈，喜歡喜歡！來，快來喝咖啡。」

兩人坐下後，胖子得知是要他提供點帶小孩的經驗，隨之大笑搖頭，「我可給不了什麼育兒建議。論育兒，我可能還不如你們家老趙。不過，我倒是很懂工作。全職媽媽也是工作，我知道怎麼把一個工作做得很爽、很有成就感。」

木子一聽，立刻來了興致。

「上次我觀察老趙，他其實能夠理解妳的價值。不過，獲得別人認可是不可控的，什麼時候他忙起來，無法及時關注妳，妳又開始覺得自己沒價值了。**真正的價值感，都是自己給自己的。**」

是的，木子想。和做設計一樣，所提出的方案，首先自己要覺得美觀，然後再融入客戶需求；如果只是盲目迎合客戶要求，最後的成果可能會變成一場災難。

「怎麼把一件事做出自己的價值感呢？下面這些方案，不僅僅對全職媽媽有用，其實所有的工作都適用。

第一步，找回自己的控制感。妳看，妳現在的時間亂七八糟，完全是圍著寶寶、先生和長輩安排的。他們又不可控，所以妳覺得自己完全是失控的。其實妳可以先整理出他們的固定排程，再看看自己還有多少空間。只要仔細統整，一天的時間還是很多的。

我有個專門協助媽媽時間管理的教練朋友，他傳了一份學員的日程表給我，妳可以參考看看。雖然他們家的小孩年紀比妳的要大了點，但原理都是一樣的。」

好清晰！木子驚嘆，原來家務能被規劃到這種程度（見一百四十六頁至一百四十七頁）！表格左邊是精確到以半小時爲一格的時間線，前面幾列依次是爸爸、奶奶、寶寶的日常作息，這些時程是固定的，所以優先列出來。

其實這些事，木子也要做，但她向來只放在腦子裡，對進度的掌控就模模糊糊，讓人焦慮；這麼寫出來，雖然乍看比較複雜，但掌控感卻出現了。這就是記錄的好處。

而且木子也能看出，若巧妙地挪移時間，在各種瑣碎之事外，的確還有好幾段完整時間。這些時間被分配到右邊欄位，按照學習、成長、上課、家庭時間等列出，此外還特別留出了 me time，這是讓自己開心的時間；而綠洲時間，是想做什麼都行的機動時間。

<table>
<tr><th colspan="5">媽媽作息（奶奶帶 + 媽媽上班 ver.）</th></tr>
<tr><th>週三</th><th>週四</th><th>週五</th><th>週六</th><th>週日</th></tr>
<tr><td colspan="5">睡覺充電</td></tr>
<tr><td colspan="5">重啟進入新的一天（洗臉刷牙、換衣服）</td></tr>
<tr><td rowspan="3">上課</td><td>早餐／八段錦</td><td colspan="3" rowspan="2">早餐／八段錦</td></tr>
<tr><td rowspan="2">工作機動</td></tr>
<tr><td>me time
／皮拉提斯</td><td>體驗突破</td><td>me time
／皮拉提斯</td></tr>
<tr><td>成長時間</td><td rowspan="2">專注備課</td><td>成長時間</td><td>成長時間</td><td rowspan="7">家庭日</td></tr>
<tr><td>工作機動／
規劃每月進度</td><td colspan="2" rowspan="2">家庭時間／
親子陪伴 + 清潔整理</td></tr>
<tr><td colspan="2">任務切換／休息時間／
用餐／滑社群</td></tr>
<tr><td>午睡充電</td><td rowspan="2">教練諮詢</td><td colspan="2">午睡充電</td></tr>
<tr><td>進入工作模式</td><td colspan="2">角色切換，進入工作模式</td></tr>
<tr><td rowspan="3">上課</td><td>工作機動</td><td colspan="2" rowspan="2">綠洲時間</td></tr>
<tr><td rowspan="2">上課</td></tr>
<tr><td colspan="2">角色切換／做部分家務，
進入媽媽角色</td><td>角色切換</td></tr>
</table>

時段	時間	爸爸作息	奶奶作息	寶寶作息（奶奶帶 ver.）		
					週一	週
上午	6:00	洗漱、早餐	起床洗漱／準備早餐和午餐備料	睡覺		
	7:00	開車去公司		起床／在客廳玩耍／喝奶		
	7:30	上班				
	8:00		沖泡奶粉／幫小孩洗漱／繼續準備午餐		早餐／親子陪伴／八段錦	早餐／
	8:30			吃零嘴／自己玩耍／讀繪本		
	9:00		帶小孩放風	出門玩	每週行程檢視＋規劃	me tim 皮拉
	9:30					
	10:00				成長時間	成長 機動時
	10:30		準備輔食	在家翻牆倒櫃／自己讀繪本		
	11:00				家庭時間	
	11:30		午餐	午餐		
中午	12:00					
	12:30		午睡	午睡		
	13:00				午睡充電	
	13:30				角色切換	
下午	14:00		備菜	吃點心／在家四處探險／讀繪本	綠洲時間	綠洲時 通勤／
	14:30		練功			
	15:00					
	15:30					
	16:00		帶小孩放風／備菜	出門玩		
	16:30					
	17:00		做晚餐	在家翻牆倒櫃／讀繪本	角色切換／做部分家務，進入媽媽角色	角色切

「看得見的魔鬼，比看不見的可怕。」胖子一邊翻著圖片，一邊感嘆，「腦袋裡一堆瑣事眞的很占空間。這麼一整理，大腦就淸空了，終於可以好好思考了。」

木子看到了一絲希望，暗自決定回去也要製作自己專屬的日程表，要跟這張一樣厲害！但一想到光是整理排程就是個大工程，木子又覺得有點壓力。「對了，如果家人不按照這張日程表執行該怎麼辦呢？」木子又突然想起，有時候寶寶會突然纏著她。

「**爭取自己的時間，是一個管理他人期待的過程**。我以前養過一隻貓，牠一餓就過來要吃的，一看到我就露出肚皮要摸，我也就忍不住餵餵牠，摸摸牠，結果最後，牠整天纏著我要摸肚皮，不摸就一直叫，我也無法工作了。後來，一個寵物訓練師告訴我，『你這屬於被貓反向訓練了。貓沒把你當主人，而是當成了蹭一蹭就會有回饋的自動投食機、人型撫摸器。你要眞的寵著這小東西，就不能千依百順，而是要管理期待。最後要建立起『你好我也好』的生活習慣，否則最後養不下去，只好送人，貓也受罪。」

「停停停，這是什麼比喻，貓跟寶寶怎麼能相提並論呢？」木子忍不住抗議。

「好啦好啦，當然不一樣，養貓輕鬆多了，養小孩可是難上一百倍。我只是隨便舉個例子。」胖子嘟著嘴，一臉無辜樣，說別人他火眼金睛，輪到自己就變成個鋼鐵直男。

「但道理是一樣的，寶寶現在就是個被本能驅使的小生物，建立規律的作息，對你們雙方都有好處。媽媽要是睡不好、吃不飽、狀態差，寶寶也不可能會好。你們要一起建立的，不是什麼『對小孩最好』的習慣，而是能讓你們都健康發展的生活方式。」

而且啊，告訴妳一個祕密。不僅是貓或寶寶需要訓練，其實老闆、同事、客戶，也都是可以訓練的。如果妳沒有設立邊界，隨時都有回應，就可能也會變成了隨時待命的人肉抱枕、無情蓋章機器、頭號救火員、人工傳聲筒。這樣下去，妳不只無法專注工作，別人也對妳失望，這不是雙輸嗎？總之，**妳要建立的不是讓對方最舒服的工作習慣，而是讓你們雙方都覺得自在的習慣**。當然啦，寶寶需要管理，爸爸和奶奶也要稍微協調作息，只不過方法需要共同討論商量。」

木子心裡暗自吃驚，自己在職場上就是這種人。她常常抱怨主管和同事總是拿一些瑣事來煩她，甚至半夜十二點還找她討論工作。沒想到問題竟然出在自己的應對方式，一直在討好、幫別人的忙，最後撐不住了又一次性爆發，結果人際關係也沒打好。以前聽人說，生孩子是重養自己一次，木子現在有點懂了。她決定從時間管理開始，培養對工作的掌控感。

「從做事裡找到掌控感的方式，其實就八個字，『事先規劃，建立同盟』。提前規劃好自己的時間，盡可能和身邊的人溝通協調，管理他們的期待，為自己留餘地。」

「不過，我還是有點擔心。之前聽一位老師說過，這個階段要給寶寶『無條件的愛』。她還舉了一個心理學例子，有個實驗把小猴子放在一個由鋼絲做成的猴媽媽身上，旁邊則放一個布猴媽媽。鋼絲猴媽媽有奶水，布猴媽媽則提供溫度，小猴子吃完奶後，最後都會回到布猴媽媽身邊。後來實驗結果還顯示，只被鋼絲猴媽媽帶大的小猴子，長大後都比較孤僻冷漠，甚至有攻擊性。我可不希望自己的孩子變成那樣。」

「啊，這個實驗的確很知名，不過妳眞的多慮了。」胖子都有點被氣笑了，「剛才還敢說我用貓來比喻人，結果妳現在直接拿猴子來比自己？你們家小孩究竟是誰在養？鋼絲猴還是布猴？根本不是嘛！還有，妳的小孩可是個吃飽穿暖，白天大家搶著抱的小寶寶，哪裡跟那些可憐的小猴子一樣了？而且，連小猴子都知道從鋼絲猴走回布猴那邊，證明小孩天生就有保護自己的本能。如果她眞的缺乏某些照護或有情感需求，就會有失眠、腹瀉、發展遲緩等現象，但妳看看你們家這位，白白胖胖，哭聲洪亮，這不就是沒問題嗎？」

木子也忍不住笑了出來，但想了想，還是很認眞地說：「可是，無條件的愛呢？這應該是對的吧？我常常覺得自己做不到，總是帶著情緒，她亂哭我會生氣，她尖叫我會覺得煩，無條件的愛好難，我也常常會因此感到內疚。」

「妳看妳，這下又把自己當聖人了，這就是個母愛神話。時時刻刻無條件的愛，可以是方向，但不可能是目標。我有個朋友，是國內權威的心理諮詢師，也是個育兒專家，她明確告訴我，即使是在心理諮詢室裡，在她最好的狀態下，這種『無條件的愛』一次也只能堅持一個小時。在家裡，小朋友一吵，她也是會大吼發火的。要是妳二十四小時都能提供無條件的愛，那也差不多可以成佛了吧！妳是要修仙嗎？」胖子說完，都把自己逗笑了。

木子揚起手，作勢要揍他。這個胖子，講起道理來，讓人又氣又想笑。

「但是人不可能活成神話的。妳回想自己小時候，難道沒有被爸爸、媽媽罵過、打過？現在不都好好的嗎？也沒有變成什麼孤僻可憐的恆河猴……除了攻擊性有點強——妳看，又想打我了吧。」胖子笑著閃開，「木子，放過自己吧。一天能眞的維持半個小時、十五分鐘的無條件陪伴習慣，就是個很好的開始了。」

十五分鐘的無條件陪伴就夠了嗎？不過木子認眞一想發現，自己眞正關注孩子的時間其實並不多，甚至連十五分鐘也未必有。因爲她的心思都在達成指標上——孩子一定要喝完多少毫升的奶，要睡夠幾小時，幾週後要開始會坐，幾週後應該要開始學站……

木子想起吳念眞在自傳體小說裡，寫過一個關於陪伴的故事。小時候，他們一家七口擠在同一張床上，那張床說穿了也只是用木架墊高、鋪上草席，冬天時還會墊上一層被子的通鋪。他的父親是個沉默寡言的礦工，總是試著和孩子們親近，但老是不得其門而入，孩子們也一樣。而孩子們最喜歡的，就是父親小夜班結束回家的時候。吳念眞早已被開門的聲音吵醒，卻還是裝睡，等著父親洗完澡上床。

木子在手機裡的「我的最愛」裡找到這段文字，讀給胖子聽：「他會稍微站定觀察一陣，有時候甚至會喃喃自語：『實在啊？睡成這樣！』然後床板輕輕抖動，接著聞到他身上檸檬香皂的氣味慢慢靠近，感覺他的大手穿過我的肩胛和大腿，最後整個人被他抱了起來放到應有的位子上，然後拉過被子幫我蓋好。

喜歡父親上小夜班，其實喜歡的彷彿是這個特別的時刻——短短半分鐘不到的來自父親的擁抱。長大後的某一天，我跟弟弟、妹妹坦承這種裝睡的經驗，沒想到他們都說：『我也是！我也是！』」

「教育的最好方式，就是給孩子很多、很多愛——是很多、很多，不一定是很長、很

長。真正的愛，也許是幾個瞬間，也許有無數種方式，只要妳是真心的，孩子們都能感受到。」胖子說。

「但是，**當妳太過焦慮、太想表達愛時，反而會變得只是在完成「標準動作」。這時候，主動權其實已經交出去了，妳就成了「標準」的奴隸，失去了自己的掌控力**。所以，完美的標準裡沒有愛，只有恐懼。就像剛剛拿出日程表時，妳一開始很興奮，但接著又開始顧慮重重。妳發現了嗎？這和妳越看資料越焦慮的模式其實是一樣的。這就是我想講的第二件事——成爲一個『不完美主義者』」。

「不完美主義者？爲什麼要成爲這樣的人？把事情做到最好，不對嗎？」這和木子從小受到的教育差太遠了，她腦子裡的爸爸、媽媽和老師、上級的聲音一起跳出來反對。

「**健康的完美主義者從來不追求完美**，他們都是不完美主義者。接下來，就讓我就仔細說說吧。」

04 做個不完美主義者

「想把事做好，當然是好事。」胖子不急不徐地呷一口咖啡。「那怎樣才算『做好』了呢？完美主義者會設定一個很高的標準，要求自己每一步都做到位，但這條路其實根本沒有盡頭。一開始，他們還能跟得上進度，但到了一個階段後，才發現根本沒那麼多時間和精力能撐到終點。這時候，他們開始焦慮、自責，光這些應付情緒就已經耗掉三成的心力，結果反而讓表現變得更差。」

難怪我剛看到那張日程表，起初還很興奮，現在卻更焦慮了。木子想。她發現自己的課堂表現也是一樣，她就是那個時常對老師抱怨「聽完課我爲何更加焦慮」的人。

「但這還不是更糟糕的，完美主義者不只希望事事完美，還希望自己的形象同樣無懈可擊，只有交出完美的成績單，讓每個人都滿意，他才覺得自己有價值——妳應該也發現了，這種目標根本不可能達成，沒有人能讓全世界都喜歡。」胖子說。

「一旦事情無法完美，他們更深層的恐懼就被觸動了——這時候完美與否已經不重要，他們反而開始害怕自己不夠好、不被愛。」

我是個失敗的媽媽。木子想。她總是這麼看自己——覺得自己是一個失敗的媽媽，覺得隨便一個人都比她更會帶小孩。每當孩子大哭、自己卻手足無措的時候，這個念頭就會浮上來，輕輕在耳邊低語：「妳就是個失敗的媽媽，妳看看，妳果然又失敗了。」

胖子說著，畫出了一個循環圖表。

「妳看，從設立完美的目標開始，先是焦慮、糾結，直接消耗三成精力。接著開始擔憂自我價值，又再扣四成。就算一開始充滿幹勁，十二成心力滿滿，

完美主義的自我毀滅循環

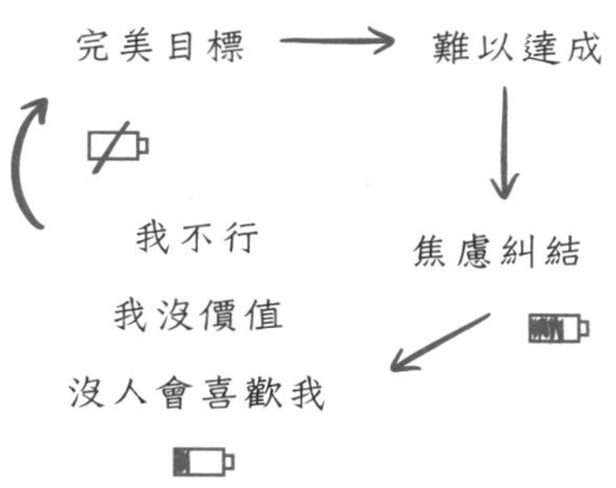

還沒動手呢，光是設定完目標在腦中繞一圈，就只剩五成了。就靠這個只剩五成功力的自己，當然更難完成目標，又陷入了死循環，整個崩盤。這就是完美主義的自我毀滅循環。

對於興趣或愛好，完美主義者常常三分鐘熱度，或是無限拖延。但在必須執行、每天都要面對的任務上，像帶小孩這種日復一日的挑戰，卻訂下了超高標準。每訂一次高標準，每挫敗一次，就像在自我價值上狠狠割一刀。木子妳說，這是不是自找罪受？」

豈止是普通的受罪，這簡直是凌遲。木子想到這個詞，手臂立刻泛起一層雞皮疙瘩。

那是一種古代極殘忍的刑罰方式，犯人被綁在柱子上，劊子手用一把小刀，一點點把肉割去。據說這些劊子手還受過訓練，保證不會一下子切到要害處，以免讓犯人快速死去，逃脫巨大痛苦。**每天小心翼翼地活在別人的評價中，一點點消磨自我價值感的人，就在接受心理上的凌遲。**

我爲了成就完美，竟然對自己生成了這麼大的惡意？木子想著，身體竟開始發抖。

木子沉默了很久，深呼吸了幾次後，才逐漸調整好情緒。她沒有告訴胖子方才那可怕的想法，只是問：「道理我都懂，但是我就是忍不住這麼想，怎麼辦？」

「那就當個不完美主義者吧。」胖子說，「妳願意試試看嗎？不完美主義者的成就，往往比完美主義者來得多。不完美主義的媽媽，也會教養出比完美主義媽媽更優秀的孩子。這個概念是美國作家史蒂芬・蓋斯提出來的。他出版過很多本個人成長類的書，都賣得不錯。但要說他很努力嗎？其實也不，他根本是個標準宅男，但他就是靠這套不完美主義心法，讓自己變成暢銷作家。」

「那，什麼是不完美主義者？他們不設定目標嗎？」

「不完美主義者當然也會設目標，但他們的關注點不同。完美主義者追求每一步都完美，直到抵達完美的結局。爲了成就這般完美，他們一直累積資源、調整狀態、等待最佳時機，結果被困在『不可能的完美—焦慮—自我價值降低—更不可能成功』的惡性循環裡。而**不完美主義者則認為，最好的策略是——長期目標拉高，但短期目標則放得很低，低到不可能失敗**。這樣，完美主義的循環鏈就會斷裂，我們才有機會持續行動。一旦行動起來，就會有所成長。不完美主義者是降低了短期標準，但卻拉長了持續時間，最終反而能獲得更好的結果。」

「低到不可能失敗？那到底有多低？」木子好奇地問。

「比方說，我偶爾也會寫點文章，長遠來說，我也想寫出個偉大作品。但短期目標呢？我會告訴自己，今天能寫滿一千字就可以了。結果過了十分鐘，連一百字都寫不出來，發一篇社群貼文都嫌短，還每寫一行就自我嫌棄，『這寫得太爛了，全是垃圾』。這時，我就知道自己的完美主義循環出現了。

於是我立刻切換模式，將期望值拉低，告訴自己『今天寫三百字就好』，或者『寫個大綱也行』。如果還是卡卡的，那就『下個標題試試』。有時候，我甚至把標準降到『打開空白文件隨便寫幾個字』。反正我就跟自己說，『這是我的作品，我有寫出全世界最爛東西的權利。』」

「就算是一坨屎，也要先把它拉出來看看形狀，對不對？」木子彷彿有心靈感應般地脫口而出，講完又覺得這話雖粗俗但又有理，像是回到了大學女生宿舍夜談的時光。她可愛地吐吐舌頭，示意胖子繼續。

胖子拍手大笑：「哈哈哈，對對對。但這是寫作，說到帶小孩，我可沒什麼經驗。」

胖子對木子說，「不過，妳讓我想起我一個朋友……」

「我發現了，我總有無限個問題，你總有無限個朋友。」木子搶白。

胖子報以一個得意的鬼臉，「她在美國工作，是一家國際諮詢公司的合夥人，三十多歲時計劃生育，就去研讀親子教養書籍，這些書把養小孩這事講得超級複雜，無限投入，她越看越不敢生。最後遇到一個身邊的育兒專家，那個專家告訴她，『妳不用太擔心，我在這個領域多年，實話說，孩子只要達到這三個目標，就算很成功了。』」

「是哪三個呢？」木子問。

胖子豎起三根手指，「『第一，身體健康，不得大病；第二，不要自殺；第三，生活能自理。只要達到這三個目標，妳就是成功的母親，妳的孩子就是對社會有益的人。未來的路，妳管不了，也管不著。』這位朋友一下釋然了，雖然據她自己說，帶小孩的路上一路屁滾尿流，但是她現在有三個孩子，並且都健康快樂。」

參照這三個目標，木子覺得自己與成功媽媽的差距也不大。不過她還是持部分保留意見，畢竟胖子也不是什麼育兒專家。想嘗試一下不完美主義的木子開始有了自己的打算。

此刻，她也在想，儘管要列出日程表的時程聽起來好難，但她應該降低一些期望值，比如邊寫邊畫，先做出初始版本一。至少，我能做得比範本更加好看。

「長遠預期高，短期預期低。不比完美程度，比堅持長度，最終達到更高目標。這點我理解了。的確，對於教育、專業、寫作，長期的目標計畫是更好的方式。」木子說。

「還有一個祕訣，寫不下去的時候，我不會找藉口說，我沒準備好是因爲資料不足、環境太吵、座位太硬、咖啡牌子挑錯……因爲一旦這麼想，便很快就會發現，自己一直在忙於找資料、重新收拾桌子、換咖啡、買鍵盤……總之就是沒有寫。這些都是對於『寫』的逃避。不完美主義者不依賴環境，而是完全依賴自己的行動，這是他唯一可控的。」

「那怎麼知道自己是在逃避，還是正實際行動呢？我找資料的時候，也覺得自己是在行動啊。」木子問。

「很簡單，把事情分成『做』和『不做』，只分兩類。『做』就是針對目標執行的動作，所有和目標不相干的動作，就是『不做』。寫一行字也是『寫』，房間布置得再好，也就是『沒寫』。我篤信，只要做了就有成長。對於不完美主義者來說，**完成比完美更重要，能量比才華更重要，做了比不做更重要**。」

「你說得對！我原本想等回家，找個安靜的時間開始擬訂計畫。我改變主意了，那就現在吧。」木子說，「借我一枝筆，我就先在餐巾紙上打草稿。這樣既能掌控自己的時間，也能掌控自己的目標。」

「恭喜加入不完美主義者陣營。」胖子說。

05 自我充電計畫：和自己的約會

木子在餐巾紙上寫寫畫畫，寫滿了兩張，一張是檢核固定時間，一張安排是自由時間的。大概過了三十分鐘，一個大框架就出現了。她抬手叫胖子來看。

胖子小跑過來，用圍兜擦了擦手，小心接過餐巾紙，看到木子在表格上加的Q版小人：哭鬧的寶寶、監工婆婆、和稀泥先生（畫面上他真的在和稀泥，哈哈哈），還有暴躁噴火的自己，他不禁感嘆：「太好玩了吧！」看到餐巾紙四邊勾勒出來的巴洛克花紋，他又嘖嘖稱奇，「天啊，怎麼這麼好看！像《聖經》一樣。」

最後，他看向木子，「怎麼樣，是不是很有成就感？害怕不完美的動力撐不過一晚，追求小成就的動力卻可以延續一生。當妳用『不完美主義』的方式做自己喜歡又擅長的事，妳就是發光的。」

現在，妳完成了『固定時間』和『掌控時間』這兩張紙，差不多能掌控大部分的家務工作啦。接下來，就能再聊聊計畫的第三部分，也就是第三張紙——自我充電和價值變現，這部分，是專門為妳自己量身訂做的。」木子迫不及待地點點頭。

「全職媽媽在家，都是不斷對外傳輸能量，卻很少讓自己接收能量。要讓內心穩定，得先讓自己有自我充電。怎麼讓自我充電呢？妳可以多安排自己的『閃光時刻』。」胖子指著木子列出來的清單，「像是看到孩子成長、整理房間、好好睡一覺、和姊妹們聊聊，這些就是妳的自我充電時刻，要特別空出時間，把這些時刻規劃進去。」

木子的第一反應是，「這會不會太奢侈了？」

「如果公司規定妳週末休息，每天準時下班，妳還會覺得奢侈嗎？怎麼當自己的老闆後，還這麼跟自己過不去？」胖子揶揄道，「再說，連最嚴苛的老闆都會認同，休息是為了更好地工作。妳就把自我充電視為能當全職媽媽當得更稱職的手段吧。」

「妳就是勵志片看多了。」胖子左右看看，降低聲音，像要說一個驚天祕密，「我說幾句從男人角度看算是叛變的話，當代女性有時可以更自私一點。看到那些拚命歌頌母親日夜操勞、無私奉獻的言行，先別太認真，可能人家只是在炒母親節檔期罷了。」

「我懂了！」木子拍拍腦門，覺得自己眞是被洗腦洗到腦袋壞光光。

「還有啊，一旦妳規劃了自我充電時間，就要徹底執行，把它當成『跟自己約會』，寫進時間表裡。自我充電。」

「和自己約會？」

「我們常常會不自覺壓縮自我充電時間，比如說，下班後看到老闆傳訊息，就馬上想回覆，覺得自我充電不重要。可是如果妳約了朋友見面，會突然停下來做別的事嗎？當然不會，妳會準時到場，並盡量把行程排開。那爲什麼妳會允許他人打斷和自己的約會呢？難道是妳比別人更不重要嗎？所以跟自己約會時，要像對待別的約會一樣，把這段能量時間守住。」

「我懂了，」木子點點頭，「保護和自己的約會。」

「最後，我們說說『價值變現』。注意啊，我說的不是什麼『讓妳的交友圈有百萬價值』、讀書創富這種變現。」胖子笑嘻嘻地邊說邊在空中搓著手指，假裝在數鈔票，一副奸商模樣。

「我說的變現是指，把『內在價值轉換為現實』。要將自己覺得有價值的事情具現化，變成看得見、摸得著、能量化的成果。這樣這些事物會成為妳自我價值的錨點，當妳對自己失望、沮喪的時候，這些成果就像攀岩時的固定釘，把妳緊緊地固定在原來的位置。

妳看，摩托車的里程表，是騎行的錨點。這家咖啡館，是我朋友們的錨點。那，妳的價值錨點是什麼呢？」

木子重新看自己的閃光時刻清單，想了想說：「我覺得孩子的成長有價值，我可以幫她『每天一照』，或製作每週的成長紀錄，甚至是一部影片，等她十八歲生日時送給她，一定很美好！還有，我覺得自己的成長也很有記錄價值。我可以創立一個自媒體帳號。大家總說要製造爆紅現象、賺大錢什麼，我其實很反感，我希望能眞實地分享自己的心路歷程，比如和你的對話，自己的變化，這也許也可以幫助到更多新手媽媽……」

「對，要把這些閃光時刻變成時光，把時光累積為成果，讓自己穩穩地走在成長這條路上。將來要重返職場，這些紀錄也是重要證據。」

木子點點頭。她越來越理解為什麼有人說：養孩子其實是把自己重新養育一次。這個過程讓她理解了時間管理、跳脫完美主義、自我充電、價值變現——正是這段旅程，讓她擁有了這麼多神奇經歷。

06 展現脆弱是更大的勇氣

「不過我還有個疑慮。」木子皺了皺眉，「胖子，因爲有你不斷鼓勵我，所以我才能做得好。但我一回家，沒有人能支持我、鼓勵我，我可能很快就降溫了。這該怎麼辦？」

胖子眨眨眼，有了個靈感。「爲了回答這個問題，不如試著玩個遊戲，妳不是愛唱歌嗎？這個遊戲就叫『把話筒遞給某某某』。我們先試試看，把話筒遞給好朋友。現在不妨想像：如果妳的好姊妹此刻就在面前，對妳訴說帶小孩就像一場無期苦役，講自己焦頭爛額、屁滾尿流、一無是處，還無法脫身，妳會怎麼安慰她呢？」

木子歪著頭想了一會兒，說：「我會什麼都不說，先陪她哭一會兒。男生總是著急地提供解決方法，但是她需要的只是陪伴。等她情緒好些，我會對她說：『妳啊，放過自己吧。別忘了，雖然妳有個兩歲的孩子，但妳也只是個兩歲的媽媽啊，妳也會犯錯，也會哭鬧，因爲妳也是第一次做這些事。再說了，孩子有自己的命運，我們只是陪著他長大就好了。至於先生、婆婆和周圍人的看法，只要是做自己，就一定會有一些人喜歡，一些人不喜歡，誰能讓所有人都滿意呢？妳又不是鈔票！』講到情緒上來了，我就和她一起痛罵臭男人。」一旦開始安慰人，木子原先伶俐的那面就展現出來了，不但妙語如珠，甚至還押了韻。

胖子點頭讚許：「說得很好啊！但是妳自己想想，妳平時又是怎麼對自己說的呢？」

木子回想了一下平常對自己說的話：妳這個笨蛋，又做錯了吧，妳的表現眞爛，妳不行，妳根本搞不定。想到這兒，她愣了一愣，噗哧笑了。

「我就不說出來了，反正都不是什麼好話。唉，人爲什麼總是對自己苛刻，而對別人這麼寬容呢？」

「這就是『把話筒遞給好朋友』的要義。這位好朋友其實就是我們的自我對話形式。我們經常說『自我對話』，其實每個人並不是只有一個自我，而是有很多內在我：有作爲好朋友的自我，有完美主義者的我，有道德評價的我，甚至有尖酸刻薄、專挑毛病的我……他們像開雞尾酒會一樣，亂哄哄地在妳腦子裡說話。而妳，酒會的主人，其實有能力選擇要聽誰說，甚至把話筒遞過去。」

「對，像是剛才，我就是把話筒遞給了作爲好朋友的我。而日常中，我常常都是把話筒遞給刻薄的我，這又是爲什麼呢？」木子問。

「對於不完美主義者來說，爲什麼不重要，如何做才重要。妳不一定要完全理解什麼原生家庭、童年創傷理論，才開始療癒自己，那也是完美主義的詭計，看得越多，妳往往越覺得自己很慘、很可憐。其實在妳理解胃怎麼消化之前，不是也已經好好地消化了三十多年？鳥也不懂空氣動力學，牠們也都飛得好好的。妳不需要知道所有的事，卻需要有勇氣上路。現在，妳只需要行動起來，把心裡的麥克風，遞給能幫助自己的內在聲音，不妨問自己：如果我把話筒遞給內在的某個角色，她會怎麼對我說？」

木子想了想說：「我現在最缺乏的是自我接納，我該把話筒遞給誰？」

「那就遞給最能無條件接納妳的角色，那是誰呢？」

是祖母。

木子第一個想到的竟然不是媽媽，而是祖母。記憶裡，祖母代表才是家庭的象徵。每年放寒、暑假的時候，爸媽會把木子送回東北老家，和祖母一起住。

每天早上，木子總是會被早餐香味喚醒，走出房間，客廳已經被整理得乾乾淨淨，桌子永遠一塵不染。下午她去公園玩耍，回來後打開琺瑯杯，裡頭總有放涼的茶水，讓她可以一口氣咕嚕咕嚕喝個夠。晚上當木子有時候睡不著，祖母就會來陪她，幫她把被子蓋好，講一些媽媽小時候的故事給她聽。而每到年夜飯，一家人圍坐桌前，桌上總是擺滿了菜餚和酒水。

現在回想起來，當時家裡並不富裕，眞不知道祖母是怎樣精打細算維持這個家的。而那種遼闊、空曠的安靜感，是祖母去世之後，留給她最重要的禮物。

不過她也很心疼祖母。每到過年，祖父就會找以前司機班的一群老同事來喝酒，喝到興起時，總有人會站起來，帶點東北那種酒場氣氛地說：「我敬一杯啊！」每次必有一杯是敬祖母的，說她爲家裡付出多少，怎麼支持祖父，辛苦把兩個孩子撫養長大。可是木子心裡清楚，祖父在家裡根本沒幫過祖母做什麼！甚至在他們說這些話時，祖母還沒辦法上桌吃飯呢！那時候，木子心裡特別氣，暗暗發誓長大後一定要帶祖母離開。

工作後，她第一份薪水就寄給了祖母。不過，木子的承諾還沒來得及實現，祖母已經不在了。想到這裡，木子的眼眶又濕潤了。

胖子感覺到木子的變化，他等了一會兒，才輕輕地問：「如果祖母在這裡，聽到妳的處境，她會對妳說什麼？」

僅僅是聽到「如果祖母在這裡」這句話，木子的眼睛就紅了，她就突然感覺自己一下子小了二十歲。她聞到了老房子的味道，重新變成了那個綁著羊角辮的孩子，咕咚咕咚地喝水，然後靠在祖母身邊聽故事。那時她沒經歷過人生，不理解祖母的苦難，而現在，她全都懂了。安心、委屈、思念、心痛，很多種感情一下子湧上來。

木子喉頭緊繃起來，幾乎無法說話，只有眼淚不斷地往下掉。這淚水似乎不只是流下了臉龐，而是流進了心裡，流進那片平靜又遼闊的安靜。胖子也不說話，只是默默地給她一杯水、一張餐巾紙，讓她好好地自己消化。

很久後，木子聽見祖母那緩慢的、帶著鄉音的聲音說：「木子娃娃，妳好厲害啊。妳去了那麼多祖母從來沒去過的大城市，做了好多祖母不懂的事，妳是我們家裡最有出息的女孩子，祖母好喜歡妳。當媽不容易，小孩有多大，媽媽也就有多大。妳也是個孩子啊，妳已經做得很好了。不管怎麼樣，祖母都很愛很愛妳，都和妳在一起。」

過了許久，木子情緒平靜了一些，胖子才開口：「妳應該看到了，**在真正愛妳的人心**

裡，暴露脆弱和缺點並不可怕，反而會帶給妳力量。沒有人會愛一個完美的人，尤其是這個完美還是假裝的。」木子呆呆地點點頭。

「因爲大家也都知道，自己其實有多不堪。所以妳越是拉不下臉、放不下架子，內心會越無力，大家頂多羨慕妳，卻不會眞的喜歡妳。而當妳放鬆自己，內在和外在世界，都會更喜歡和接納妳。妳是要孤苦伶仃地被羨慕，還是要真心實意地被喜歡呢？」

沒有什麼能通往眞誠，除了眞誠本身。木子想起了這句話，今天她才眞的理解。

「但他們一旦知道了這些，會不會不再喜歡我，覺得我很糟呢？畢竟連我自己都沒辦法接受自己！」木子心裡的恐懼依然存在。

「不知道，但值得試試看，至少能識別出眞朋友——誰喜歡的是眞實的妳，誰喜歡的是妳完美的假相。」胖子的笑讓人安心，「比如我就很欣賞妳的勇氣，那天晚上，妳一個人走進咖啡館，提著半盒草莓在座位上哭，我看到妳的難堪，更加看到妳背後的勇氣。連一個陌生人都如此，妳也要試著信任自己的家人、朋友，他們有能力喜歡眞實的妳，欣賞妳脆弱背後的勇氣。

人們總覺得，面對難關奮勇前進是一種勇敢。其實他們不知道，真實地展現脆弱，是

更大的勇敢。恰恰是這些不完美，讓其他人伸出援手，讓我們建立連結。不完美，也是生命的機會。我們的家庭、朋友、職業，乃至人類社會的商業和國家，都是透過個體的不完美連接起來的。這就是眞實的脆弱帶來的奇蹟。」

木子想起她在社群媒體上看到的「MeToo 運動」——許多在職場裡被性騷擾過的女性都站了出來，講述自己被傷害的過程。身爲女性，木子不覺得她們糟糕或可憐，而是佩服她們的勇氣。

她把這個想法告訴胖子，胖子也感嘆：「是的，一個人的勇敢，會接連帶動很多人的勇敢。現在，對著我，妳願意勇敢地說出，妳心裡那句一直折磨著自己的話嗎？」

木子深吸了一口氣，喝了口水潤了潤喉嚨後，總算鼓起勇氣說出口：「我，一直覺得，自己不是個稱職的媽媽。有很多事我都做得很失敗。」

話一講出口，她突然有一種下水道堵塞良久，終於逐漸被疏通的感覺，她看向胖子，後者還是帶著鼓勵眼神很專注地傾聽，沒有絲毫吃驚。她所擔心的事，完全沒有發生。

於是木子馬上接著說：「我相信我以後一定會做得更好。」

胖子點頭說：「說得眞好！不過，我們試試看再勇敢一些。爲什麼以後一定要做得很好呢，要是以後做得也不太好，是不是大家就不再喜歡妳了呢？妳願意再大膽些嗎？」

再大膽些嗎？木子低下頭想了幾秒，感覺到有一股壓抑很久的熱，從小腹往上直衝到嘴巴：「我以前一直覺得自己是個不稱職的媽媽，不過我相信即使這樣，大家還是會愛我，和我在一起的。有了你們的支持，我會試著做得更好。」

「但如果還是做不到呢？」胖子突然有點挑釁地問。

也不知道哪來的勇氣，木子幾乎不假思索就反駁他：「做不到就算了，反正我盡力了，其他就去他媽的吧！」

「就是這樣！」胖子一拍桌，嚇得木子一跳，「去他媽的，對，這話說得好！」

木子講完這句話，臉都漲紅了，心跳得飛快——剛才這髒話是我說的嗎？

不過，她馬上發現，剛剛那個「小仙女人設」總算被她踢開了。此刻，真實的木子出現了：穿著家居服、蓬頭垢面、抱著孩子，卻眼神堅定地重複那句話——這才是真實的我啊！這種痛快的感覺，哈哈，真爽！

到了回家時間，木子平復了一下心情，正要出門。

胖子又鬼鬼祟祟地把木子叫住，小聲地向她說：「對了，那句女性可以更自私的話，千萬別說是我說的。要被他們發現我叛變，就沒人要跟我一起騎車了。」

木子大笑：「沒問題，替你保密！」

胖子給木子一張打折卡，上面赫然寫著木子的話：我一直覺得自己是個失敗的媽媽，但我現在明白，我只是做得不夠好。我相信即使這樣，大家依然會愛我、支持我。有了這些，我會試著做得更好。

覺醒卡・掌控與勇氣

- 找到自己的「黑暗時刻」和「閃光時刻」。
- 提高掌控感：統整出自己的固定時間、自由時間，協調家庭資源，管理各自期待。
- 成為不完美主義者：長期發展高預期目標，短期完成低預期目標，避免行動失敗。只用「做」和「沒做」來評價行動，降低行動的難度，提高行動的長度。
- 完美標準裡沒有愛，只有恐懼。小心翼翼地活在別人的評價裡，是一種自我心理凌遲。
- 提高價值感：留出自我充電時間、價值變現時間，安排和自己的約會。
- 把話筒遞給內心的聲音：如果你是自己的好朋友／女兒／兒子／導師……你會如何對自己說？
- 展現脆弱性是勇氣的體現，是外界支持的來源。
- 當你懷疑自己，不妨和木子一起念一遍這句話：「我一直覺得自己是個失敗的人，但我現在明白，我只是做得不夠好。我相信即使這樣，大家依然會愛我、支持我。有了這些，我會試著做得更好。如果做不到，反正我也盡力了，其他就去他媽的吧！」

↘ 實際行動

（1）練習「把話筒遞給……」，當狀態不好的時候，你心裡對自己最常說的話是什麼？你可以把話筒交給誰？他會對你說什麼？

（2）找一個你信任的、讓你有安全感的人，試著對他說說看自己最脆弱、最焦慮一面，看看自己有什麼感受？而他會有什麼回應？

（3）安排「和自己的約會」，堅持至少三週，每週兩次，每次至少三十分鐘，不要爽約。

完成上述任意一項任務，可免費獲得「可以不上班」咖啡一杯。
有效期 15 天。店主胖子擁有一切解釋權。

07 全職媽媽，還是重返職場？

「胖子是個很有趣的人。」

兩週以後，大忙人May終於想起了木子，她們約在公司附近吃火鍋。木子把那天晚上的奇遇講了一遍給她聽。

「這個人呢，很難形容。妳知道，胖子總給人一種凝滯、笨重的感覺，但這個大叔卻胖得很圓滑、自由，妳看到他，不會想到路障，卻會想到道路。這間咖啡館還有很多奇怪的規定。比如說，他的打折卡叫做覺醒卡，卡片背後有一些小任務，如果妳照做的話，他還會免費送一杯咖啡。」

「要做什麼呢？」May很好奇。

「是和談話相關的小任務，要在十五天內完成。比如這兩個禮拜，要我安排『和自己約會』。妳看，妳約我好幾次，我都懶得動。今天妳一約，我不就出來了嗎。與好姊妹聚會是我的自我充電時刻。」

聞言，May重新上下打量起木子，覺得她似乎和過往有些不同。她的氣色明顯變好了，心情也不錯。上身套一件鮮綠色的帽T，下面穿一條白色休閒褲，腳踏白球鞋，旁邊放著後背包，就像個大學生。

這些天，木子在一步步地執行全職媽媽的掌控計畫。

首先是「主動規劃，建立同盟」，她和老趙、婆婆一起協商，重新安排了日程表。她接納了自己早睡晚起的天性，允許自己踏實地一覺睡到七點半。晚上孩子一哭，老趙會主動起身哄。中午在家，婆婆則負責哄睡。下午五點到晚上九點，是她全心陪伴孩子的時間。儘管寶寶中途有點拉肚子，但想到胖子說的三個目標，木子倒也不心慌，該餵藥就餵藥，該按摩就按摩，寶寶自然就沒事了。

她也開始同步實施自我充電計畫。寶寶睡了以後，她晚上預留了半個小時和老趙聊天時間，聊聊孩子，聊聊他的工作——他們的親密感在變強。上午和下午的空隙時間，她安排了運動和上課，這都是自己本來很喜歡的事。

她甚至還報名了一堂手機攝影課程，按週數記錄小孩的成長。課堂間，她又認識了同學，準備共同經營自媒體社群，想把自己的育兒經驗、個人成長心得整理上去——不用多大流量，能幫一個是一個。

全職媽媽的生活重新變得有節奏感後，也不那麼彆扭、難受了。

「一個月內就做了這麼多事！佩服佩服，妳這是老戰士找到新戰場了啊。」Ｍａｙ調侃道，「不過木子，妳可是我們那一屆的設計老師點名最有潛力的幾個學生之一啊，該不會眞的想一輩子做全職媽媽吧？」Ｍａｙ這麼問，不是吐槽，而是眞心爲木子著想。

她們是同系畢業的，不過Ｍａｙ畢業後就沒做過一天建築，而是去了一家房地產公司成爲了行銷策劃，然後又轉職到戰略投資部。

幾年後，房地產行情不好，她又跳入金融領域，五年下來，手頭操盤著兩個逾十億的基金。她形象好，能力強，身邊自然追求者衆多，但她則堅守三不主義：不婚、不育、不與固定對象約會，是典型的獨立女性。

「妳可別被洗腦啦，全職媽媽就算再好，也不是長久之計，還是要自己賺錢。現在可是女性崛起的時代！女性經濟不獨立，精神怎麼獨立？你們家就該輪流帶小孩，一切開銷均攤。老公不同意就搬出來，我養妳。我這個當乾媽的也能讓小孩出國留學。」

木子笑笑說：「情分我領了，錢妳自己留著環遊世界去吧。」不過這倒也觸動了木子心裡的一根弦。老趙的錢儘管尚能支持家裡的開銷，但她心裡的確有些不安。

在大學的時候，男生都在看《六人行》，女生則風靡《欲望城市》，那個時候，Ｍａｙ就喜歡女主角米蘭達，木子喜歡的是溫柔癡情的夏綠蒂。木子也無法像Ｍａｙ一樣瀟脫，她滿意現在的生活，也喜歡親眼看著孩子長大——她心裡一直有個家庭夢。

Ｍａｙ看木子還有些猶豫，接著說：「婚姻就是對女性的剝削，母職更加是一種懲罰。我和妳說，在我們公司，女生一旦懷孕，就會被嫌棄，既沒辦法出差，也不能應酬，只能調去做文書工作。這些男人呢？在公司鄙視嫌棄懷孕的女同事，在家看不起太太，總覺得錢都是他們賺來的。這公平嗎？有些老男人還暗地裡送花、送禮物給我，想要搞曖昧。老娘照單全收，替天行道！木子，妳得爲自己打算，不要再執迷不悟了。」

雖然不能完全認同，但Ｍａｙ的一番話，還是很有衝擊力。

木子讀過英國作家維吉尼亞·吳爾芙的《自己的房間》。她說：「**女性如果要寫小說，她就必須有錢，還有一間屬於自己的房間。**」

她現在既沒有錢，也沒有自己的房間。在家待了一年多，設計的手感好像也離她而去。全職媽媽雖好，但她眞的打算一直這樣下去嗎？該重返職場嗎？她想和胖子聊聊。

08 每個人都有自己的人生劇本

「木子，妳覺醒得還眞快。」胖子說話還是這麼裝神弄鬼，「妳很快適應了全職媽媽的角色。現在，妳開始跳出角色思考問題了——『我應該拿什麼人生劇本？』」胖子說著，彎腰朝卡座沙發做了一個「請」的手勢：「恭喜，妳解鎖了導演的角色。」

「什麼亂七八糟的。胖子，你能不能別總是離題啊。」木子一頭霧水地坐下，「我只是想知道，自己到底該怎麼選擇，我該去上班嗎？」

「這正是我們今天要聊的話題。我們決定了選擇，選擇又決定我們的未來。那妳有沒有想過，妳是怎麼走到今天的?從考上好學校，選擇了自己喜歡的行業，直到遇見老趙，決定結婚，再到決定生育。這些都是妳自己的選擇嗎？」

「每個都是我自己選的。」木子很確信，設計師的核心就是洞察力和判斷力，她一直是個能夠自己做出選擇的人。

「但更深一層去想，這些選擇都是基於妳腦子裡的人生劇本。上學的時候，妳的劇本是好學生；到了公司，妳的劇本是好員工；到了一定年齡，大家都在結婚生子，妳決定找個合適人選結婚，生個漂亮可愛的孩子。這些都是妳腦子裡的劇本。妳相信自己只需要扮演好這個角色，劇本最後一頁的美好人生結局就會展現。今天妳的朋友向妳展現了另一個劇本，而且她這個劇本也演得很不錯。於是妳遲疑了，不知道接下來該怎麼演下去。」

胖子說著，拿出一張餐巾紙，簡單地拉出幾條線，畫出一個金字塔，從上到下依次寫著：劇本－角色－價值觀－能力－行動。

「比如說過去兩年，妳拿的就是全職媽媽劇本。妳以爲全職媽媽就是沒日沒夜地苦熬，而且要一個人戰鬥——很多傳統文化就是這樣用歌頌去合理化一切的。每逢母親節，四處都能看到一個苦哈哈、犧牲了一切的母親形象。以至於妳也艱難地這麼演下去，從沒想過其他答案。直到在我們的兩次談話中，妳看到別人的演法——媽媽原來也能活成這樣！」胖子在「角色」這個詞上，畫了一個圈。

「妳的價值觀開始變化，意識到原來自己的不完美是有力量的，意識到自我充電是重

人生劇本金字塔

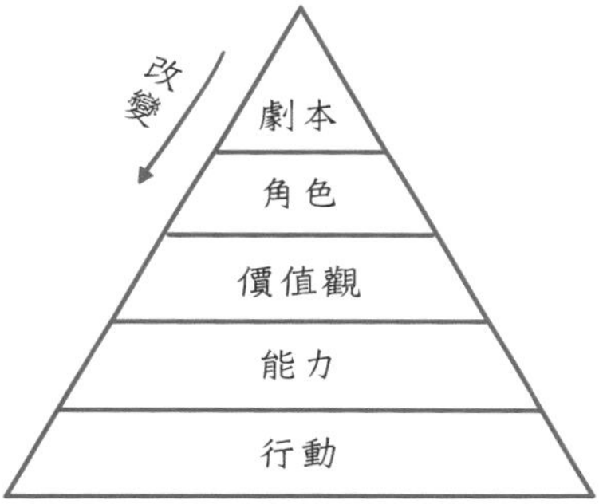

要的，也勇敢地去嘗試。一旦價值觀開始鬆動，什麼時間管理能力、溝通協商能力、讓自己開心的能力，就都解除封印了，妳本來就具備這些能力。所以行動也變得更加自動自發，整個人生就一下子順暢了。」

胖子邊說邊畫了一條從上到下的箭頭，「所有重要的改變，都是自上而下的影響。反過來，如果只是橫向硬著頭皮努力，往往難有突破。就像妳當媽媽，如果價值觀沒有翻轉，即使把資料蒐集能力、耐力、執行力提升十倍，結果還是會越搞越糟。這個模型叫『思維邏輯層次』，是國際NLP大師羅伯特．迪爾茨的理論。」

木子看著這個神奇的金字塔，不禁回想到之前工作時，和某位主管處得非常不愉快。當時因爲一個無心之失，她的簡報錯了一個字，結果那位主管大發雷霆，在會議上當著所有人面指責木子：「我從沒見過這麼不負責任、不專業的人！」從那之後，木子乾脆開始擺爛——既然你說我不負責任，那我就爛給你看。

幸好當時另一組的女主管沒有放棄她，把她拉進自己的團隊，並委以重任，最後還讓她負責一個重要的頂樓設計專案，才讓木子一戰成名。現在看來，自己當時只是犯了微小失誤，卻直接上升到自己的工作能力層面，結果，木子所有能力都被這些話封印了——這可能就是所謂的ＰＵＡ吧。幸好那位女主管在背後予以支持，木子心裡對她充滿感激。

不過，今天學到了這個模型後，以後我不會再讓別人隨便改變我的價值觀了。我可以犯錯，但我很清楚自己是個專業又負責任的人。木子心想。

胖子又指著「劇本」兩個字，並圈了起來。「現在，妳已經可以勝任全職媽媽角色了。妳是不是在想，如果能演好這個劇本，那麼是不是也可以換個劇本演呢？對不對？」

「但是要怎麼知道我該演什麼劇本呢？」木子問。從小她都是好學生、乖孩子，她很擅長演好一個劇本，但要讓她自己構想，她卻毫無頭緒。

「問得好！木子。」胖子眼睛開始發光，「『我該出演什麼人生劇本呢？』這個問題本

身就很了不起，是一個導演才能問出來的問題！」

正好說到這裡，木子的手機響起，May轉貼了一則新聞給她，並說：「我就說家庭主婦不可靠吧。妳看，妳的偶像幻滅了。」

木子點開連結一看，原來是她！木子剛結婚準備裝修房子的時候，買過一本書，名爲《怦然心動的人生整理魔法》。作者是號稱日本家政女王、收納之神的近藤麻理惠，她是堅定的斷捨離執行者，房間永遠井井有條，一塵不染，木子馬上就被成爲了她的粉絲了。從那個時候，木子就一直關注她。

後來近藤麻理惠越來越受歡迎，甚至在Netflix有一檔和書名同名的實境秀，也被《時代》雜誌評爲二〇一五年「全球最具影響力一百人」之一。又過了幾年，她甚至有了自己的「家政女王」公司，還生了三個小孩！那個時候木子就想，人和人的差距實在是太大了！怎麼人家就能事事完美呢？

不過新聞指出，麻理惠也終於開始躺平了——她在最新出版的書裡提到，儘管她很熱愛做家務，也很熱愛家政女王的工作，但有時日程排得太滿，整個人也會疲憊不堪，被焦慮壓垮。但自己可是家政女王啊，不能就此躺平！

起初，麻理惠不斷向自己施壓，告訴自己再怎麼累，也不能對家裡的整潔度妥協。然而，小孩製造混亂和垃圾的速度，完全超乎她的想像！她的收納技能在大女兒亂丟玩具面前完全失靈。等到二女兒出生時，她還幻想著能設計出更有效的收納方式，但實際上卻被孩子們的日常弄得人仰馬翻，連基本的房間整理都快無法應付。直到第三個孩子出生，麻理惠乾脆徹底地舉手投降。

原來，連「收納之神」也承擔不了這麼多家務。以前，麻理惠覺得自己必須從整理中找到快樂與滿足感，只有看到家裡一塵不染、像樣品屋一樣整齊才能感到平靜。現在，她累了就換上最舒服的眞絲睡衣，喝杯熱茶，看看以前的舊照片放鬆一下。她說：「我好像有點放棄整理房子了。」她不再只想整理房子，而是專注整理自己的內心。

木子看完後，不但沒覺得麻理惠「崩壞」，反而感到意外地解壓。她現在能理解這種展現脆弱的力量了。麻理惠只是自己人生經歷的放大版，知道連收納之神都搞不定這一切，木子反而更感到踏實了。

木子把這個資訊給胖子看後，胖子笑了：「眞是個妙人。其實她已經把答案講出來了。重要的不是整理房間，而是整理內心。麻理惠起初整理家居不是爲了丟東西，而是爲了丟掉那些讓自己不快樂的負擔。當『收納之神』的角色不再支撐自己想要的人生，她就果斷把這個角色換掉了，換成更適合自己的，這正是一個清醒的人生導演該做的事——角色上場的時候深深入戲，但在角色不再合適的時候，又能隨時抽身，自己重新寫劇本，開啟新劇情。麻理惠不是崩壞，恰恰是升級了。這就是我說的『醒來』。」

講到這裡，木子更加好奇了，她甚至來不及把這個觀點告訴May，而是繼續提出這個問題：「那，我該怎麼創造自己的人生劇本呢？」

09 人生主題：怎麼才知道，我要過怎樣的人生？

「所有的導演都知道一個不願公開的祕密：所謂的新劇本，只是一些舊劇本的組合與再創。要創造自己的劇本，就得先回頭拆解過去的劇本。妳能不能說說看，對於未來的生活，妳有哪些想像，而這些想像都是從誰身上看見的？」

我對人生的想像，是從誰身上看見的？

記憶的指針往回撥，一個個人物浮現出來……第一個想到的對象，當然是祖母。那天她在胖子引導下，聽到祖母對自己說的話，她一直還記得。祖母送給她家庭主婦的劇本，也留給她對這個角色的無奈和不甘。這個劇本，她又愛又恨。

另一個讓木子印象深刻的劇本，是關於那位對她有知遇之恩的女主管。當年提攜木子時，這位主管已經四十多歲，正處於建築師的黃金年齡。她是中國最早一批出國學建築的大學生，在美國工作了十多年，後來看到中國建築業方興未艾，就毅然回國加入設計院。

她曾經和木子分享過自己在美國求學時的經歷。當初，她想追隨一位建築大師學習，但偏偏這位老師有個潛規則——不收中國學生，理由是覺得中國學生缺乏國際視野，審美也不夠水準。但她不甘心就這樣被拒之門外，於是每天都到老師的教室外蹲守，在外頭連續聽了七堂課，才被破例准許進教室旁聽，但還不能算學分。剛到美國時，她的英文聽力有限，專業課聽起來更是吃力。她便用錄音機把課程錄下來，回去一遍遍地聽，遇到不懂的內容就跑去圖書館查資料。

有一次上課，老師講到歐洲建築史，提到拜占庭建築的演變過程，問同學們是否知道什麼是「希臘十字架」。整個教室一片安靜，沒有人答得出來。正在旁聽的她舉起了手，清楚地講解了拜占庭建築從哥德式十字架轉向希臘十字架的過程。聽完她的解釋後，老師並沒多說什麼，只是對全班說：「你們看，一位東方人卻講出了你們的文化。」

下課後，老師走到她面前，對她說，明天可以正式來上課了。

這段經歷深深刻在木子的記憶裡，從那一刻起，她就希望未來自己也能成爲那樣頑強、專業、具有國際視野的建築設計師。

最後，當然就是May的故事了。May的人生劇本也很惹人羨慕。其實，木子羨慕的不是May的富有和社會地位，而是這一切背後所代表的個人自由。畢竟，誰不想要自由自在的生活呢？

木子心底漸漸清晰起來，她腦海中至少有三個劇本：爲家庭付出一切的祖母、專業堅韌的女主管、自由自在的May。過去這些年，每到人生的關鍵時刻，這些劇本就會浮現，指引她走一段路。現在，她想要創造屬於自己的人生劇本。身爲人生第一次當導演的她，該如何書寫自己的故事呢？

這幾個人生故事，讓胖子聽得嘖嘖稱奇。尤其講到那位女建築師的求學經歷，胖子感嘆：「眞的是心力所指，所向披靡。」

說完，他正色道：「其實妳的未來劇本，就藏在這些故事裡。如果從每個人身上提取出一個優點或者成就，妳會怎麼選擇呢？」

木子想了十多分鐘，寫下她歸納出的人生關鍵字：

1. 祖母的關鍵字，是「愛」。我希望自己像祖母一樣，能夠照顧好一家人。能讓家裡的人，讓寶寶一直感覺到愛，一想起家，就有寧靜幸福的感覺。

2. 女主管的關鍵字，是「智慧和堅韌」。我希望自己能在某個領域持續精進，遇到再大的困難，也能勇敢面對，永不放棄。

3. May的關鍵字，是「自由」。我希望自己有自由自在的時間，有一定的財力可以去全世界到處看看。

胖子又問：「如果在每個人身上，要選擇一些妳最不喜歡的缺點，妳又會怎麼寫呢？」

下面是木子的答案：

1. 祖母的是「隱忍」。過度的隱忍是怯弱。

2. May的是「孤獨」。作為她的好友，我知道May其實是個很孤獨的人。她看不起男性，但又不得不用男性的方式獲勝，所以，她很害怕衰老，需要賺很多錢，這樣她似乎才有安全感。

3. 女主管……（木子發現，除了公事，自己對她了解得並不深入，所以空白。）

胖子請她把這些詞，也抄在一張餐巾紙上，試著寫成一句話，用「我」開頭，作爲劇本的主題。這個問題更難了，木子想了二十多分鐘，修修改改，劃掉又重寫，最後這句話變得越來越有力量：

我的人生主題

我，木子，要成為一個智慧、堅韌、能給予身邊人真正的愛的人。

在這段旅途裡，我會永遠保持著內心的自由。

「這是一個多麼美麗的主題，木子。」胖子用一種低沉又堅定的語氣說，像個念咒語的巫師。他的眼光穿透過木子，似乎已經看見木子的未來，「照著這個主題演下去，妳的人生將會無比精采。妳的決定應該也已經浮現了。」

「不過接下來，妳可能需要一些劇本素材。」胖子遞給木子一張打折卡：「歡迎下次再來。」

覺醒卡・人生劇本

- 我們所有的行為，都是「劇本－角色－價值觀－能力－行動」決定的，我們能改變這劇本。
- 自上而下的改變是強力的，自下而上的改變是短期的。
- 你的人生劇本，其實是很多身邊人的人生故事組合後再創新。
- 女性如果要寫小說，她就必須有錢，還需要有一間屬於自己的房間。
- 好的人生玩家在角色順利的時候，盡情入戲；但當角色受挫，能跳出遊戲，改寫劇本。
- 寫出你最想成為的三個人，分別寫出在他們身上，你喜歡和不喜歡的部分。
- 總結以上，創造出自己的人生主題。

↘ 實際行動

（1）請列出自己的人生關鍵字，並組合成屬於自己的人生主題金句。

（2）如果可以成為歷史或神話裡的任何一個人，過一段他的生活，你會希望是誰的哪個時期？為什麼？

（3）把以上回答都寫下來，記得，不要只在腦中想，寫下來。

完成上述任意一項任務，可免費獲得「可以不上班」咖啡一杯。
有效期 15 天。店主胖子擁有一切解釋權。

10 什麼拯救過你，就用它來拯救這個世界

金融街最繁華的十字路口有座購物中心，從正門進去，搭乘電梯上十二樓，就到了小黃上班的地方——一家瑜伽中心。木子在這裡，見到了穿著淡紫色瑜伽服的小黃，她是個爽朗愛笑的女孩，看到她，你會想起春天路邊那些挺拔的白楊樹，乾淨輕盈，柔軟有力。木子兩年沒見到她，正有點忐忑，卻被小黃的溫暖一下子融化了。

這家瑜伽教室經營有道，午間時段安排了瑜伽課，還附餐，吸引了很多女性白領們趁著午休來上課。小黃下午兩點下課，三點半要去幼兒園接小孩，其間休息一小時，她們就在瑜伽教室裡，像多年老友一樣，脫了鞋盤腿坐在地上聊天，放鬆極了。木子告訴小黃，是胖子建議她來爲自己的人生劇本尋找素材。

「妳也去過那間咖啡館啊，胖子爲人眞的非常風趣對吧。其實，我和妳的情況有點

像。」小黃說。

「我是上班八年後才決定生孩子的。我以前是銷售員，雖然業績一直不錯，但早就覺得有點倦怠了。雖然有能力，但是沒動力，正好年紀也到了，就想說先辭職生個孩子再說。後來孩子出生了，婆婆雖然幫了不少忙，但我還是忙得團團轉。等到孩子三歲上幼兒園，我才終於有點自己的時間。

我一開始還蠻開心的，到處這裡逛逛、那裡看看。直到有一天，孩子帶回一張家庭情況調查表，爸爸那欄塡了經理，輪到媽媽那欄，我塡了家管，心裡有點不是滋味。再加上有個好友離婚了，我才意識到，女人經濟不獨立，想要眞正獨立也很難。這讓我下定決心要出去做點事，可是，能做什麼呢？」

「我也經歷過這個階段，」木子說，「一打開電腦，到處都是各種副業宣傳廣告，什麼『全職媽媽，上班時間彈性，月入四萬，無任何門檻……』我也報名過幾門斜槓課程，等學完才發現，哪裡有這麼多好機會，多半都是割韭菜。」

「妳還算不錯了，」小黃說，「我是報名了投資理財課程，學成後出去炒股，虧了幾十萬，在家更加抬不起頭了。所以，那天我莫名其妙地走進咖啡館，遇到了胖子。他問了我一個問題——如果向外找不到，為什麼不向內挖掘自己的『個人議題』呢？」

「什麼是個人議題？」木子問，她隱隱約約感到，自己追尋的答案也藏在這裡。

「我當時也這麼問胖子。他說，個人議題就是那些你人生中想解決或已經解決的重要問題，可能是妳對某件事情的好奇，一個未盡的心願，但更多時候，是妳從某個困境中掙脫出來後，從而想幫助更多別人脫離同樣困境。胖子問我，『什麼事情曾經拯救過妳？就用它去拯救這個世界。有什麼是妳拯救過自己、也想幫助別人的嗎？』」

「他這麼一問，我倒想起來一件事。我是易胖體質，產後突然大幅度發胖，從四十五公斤胖到最重將近八十公斤，當時朋友來探望我，雖然她們不說，但我知道她們眼神流露的意思是，『我的天，這個胖子眞是妳嗎？』我自卑得不敢出門，也不想見任何人。」

木子上下打量面前的小黃，身高一百六十八公分，脖子修長，身材勻稱，腿長又有力，一張小圓臉微微泛紅，還帶點雀斑。別說看不出來她曾經八十公斤，甚至根本看不出來她生過小孩。運動不僅改變了體重，也改變了體態與氣質。

「後來，朋友介紹我去做產後體態修復課程，才讓我接觸到了瑜伽。我發現自己很喜歡瑜伽，每次做瑜伽都能感受到深深的寧靜，老師也常誇我說悟性不錯。可能是因爲小時候學過舞蹈，舞蹈老師也說我身體柔軟、底子不錯，只是後來因爲學業忙碌才中斷了……最後，經過六個月的瑜伽訓練，我產後成功減了四十公斤。想到這裡，我心想，瑜伽會不會就是我的個人議題？我是不是可以經營一間瑜伽教室呢？」

「所以妳就開了這家瑜伽教室？」木子很興奮，這個故事聽起來非常勵志。

「沒有啦，這只是我工作的地方而已。」小黃擺擺手，笑著皺了皺鼻子，「我之前是銷售出身，知道創業有多不容易。胖子建議我多找一些人生素材，所以我去拜訪了幾位瑜伽教室的老闆，還跟我的教練聊了聊。我發現，其實開設瑜伽教室，主要著重在經營管理，和瑜伽本身沒多大關係。像那些銷售、管理的工作，我早就厭倦了。反倒是當瑜伽教練更接近我想要的生活——可以帶著大家一起練瑜伽，自己也能不斷精進。

但是，教練不是那麼好當的。眞正優秀的教練，基本上要結合專業瑜伽、運動醫學、營養學，最好還有一點舞蹈底子和客戶資源。所以我現在在這裡當助教，打算花兩年時間慢慢累積經驗，成爲一位好教練。我同時也開始經營自媒體，一邊慢慢累積自己的客戶。過去瑜伽把我從糟糕的生活裡拯了出來，我希望也能透過瑜伽去幫助更多人，這就是我的個人議題。」

什麼拯救過我，就用什麼拯救世界，原來這句話是這個意思。木子想，她拿起一個瑜伽球抱在胸前，下巴頂著球繼續追問：「我也有想過做自媒體，但是我很惶恐，總覺得自己不夠專業。如果從個人議題出發，不就失去專業性了嗎？該怎麼讓自己成爲一個專業的自媒體經營者呢？」

「和妳一樣，我一開始也很惶恐，但慢慢發現，這就是個人議題的妙處。雖然在瑜伽、營養學方面我不是最專業的，但是對於普通大眾來說已經夠用了。而且，因爲我自己就是這麼走過來的，正有所體驗，所以，在某些具體問題上，我對這群媽媽的理解，甚至比我的老師都要深。

因此，妳要堅信，妳並不孤獨，妳遇到的問題，也是這個世界上很多很多人的問題，妳只需要誠心幫助他們去解決就好。」

木子有點感悟了。如果向外找不到，不妨向內找自己的人生議題，往往能觸及到更多同路人。

那，我也有可能從個人議題入手嗎？她想著，突然腦中浮現出一個問題。

「妳能這麼做，家人會不會不支持妳啊？」木子問，「畢竟做瑜伽老師收入也不高，還占用到家庭時間，妳婆婆不會有意見嗎？」

「哈，妳可能無法想像，我們家以前更加雞飛狗跳。老公總覺得我學這些不食人間煙火的玩意兒，也不了解我，婆婆又怪我不在家帶小孩，我自己都覺得很委屈。但是我既然要學習，也的確需要他們支持。後來我從瑜伽裡悟出來了一個解決之道。」小黃得意地跳起來，做了一個瑜伽動作，她左腳單腳站立，身體平行於地面，雙手、身體和右腿，變成一條直線，像是個從地面長出來的字母T。

「這叫作戰士三式，是個很著名的瑜伽體式，我一直做不好。我的老師告訴我，這是因爲動作不僅要有力量，還要需要全身的肢體協調，她反覆強調：平衡是一種能力。

「那天，我跟家裡大吵一架，心煩意亂，想出來冷靜一下。老師說，要專注呼吸，找到自己的重心，慢慢把力量往核心集中。不斷調整手、頭、腳的感覺，形成一個整體。僅靠一處發力是無法平衡的。我突然意識到，這和我的現狀一樣——

只靠一個人的力量是沒辦法帶小孩的，我把資源分成三種：自我、人力、財力。先是自我資源，我需要提升自己的能力，同時也要有效管理時間。接著是人力資源，我身邊有什麼人能提供幫助呢？是否可以和先生、婆婆溝通協調？自己的父母能否提供支援？或能金援一部分保母費用嗎？有沒有朋友願意幫忙？還有，有哪些機構能夠協助我？重點不在於直接索取，而是不斷創造與挖掘身邊的資源。最後是財務狀況，我需要清楚掌握每月的花費，並思考是否有能省下時間的支出，甚至是如何提升收入。

整理完這些後，我發現自己其實有不少資源可以利用。我和先生開了家庭會議，共同討論家裡的種種需求。另外，我找了家不錯的家政公司，請來一位穩定的清潔人員，她已經幫我們家清潔四年了，眞的很可靠。

資源增加後，生活輕鬆了許多，接著就是『管理欲望』。當媽媽的欲望，常常不是物質上的，而是源於每個角色對我們的期待：孩子希望母親在身邊，先生希望太太陪伴，老闆希望員工努力工作，而我自己也希望能有個喘息的空間。因此，關鍵不在於壓抑欲望，而在於協調與管理這些期待。

我開始練習平衡的技巧，尋找這些期待中的『協調點』。慢慢地，我找到不少堆疊時間的方式，讓一段時間發揮多重作用。比如說，吃飯時不僅是用餐，也能同時是拓展人脈、陪孩子玩，甚至複習營養學知識的機會。教瑜伽時，不僅是賺錢，同時也是拓展市場、自我實現、累積自媒體素材的時刻。如果先生能幫我拍攝影像，也是增加夫妻互動交流的機會。我把這種生活方式命名為『媽媽體式』，是我獨特的平衡方式。

平衡是一種能力。現在，我能做好這些體式了，而且站得很穩當。現在的我，雖然賺得不多，但是大家都對我還算滿意。以前工作的時候，覺得對不起孩子；回家帶小孩，又覺得對不起自己的這點寶貴時間。工作多賺一點，太拚；賺得少了，又覺得只有先生一個人打拚太辛苦。每個角色都做不到位，所以我經常莫名其妙地大發脾氣。

但現在，我的天賦、熱情、工作、各種角色都安排得很好，沒有任何內耗，雖然賺得沒有以前多，但天天開開心心的，自己開心，大家自然就都很開心。於是，大家都說：『拜託了，妳可千萬別上班，好好練瑜伽，我們都喜歡現在的妳。』」

這也太厲害了吧！我該從哪裡開始呢？木子想。

小黃似乎看出了木子的擔憂，說：「當然啦，瑜伽最重要的一點，就是不能著急——做不到，就不要勉強，但只要堅持下去，慢慢地，就能不知不覺做到了。」她微笑著補上一句，「我做這些用了三年，妳既然知道了方法，一定能比我做得更快、更好！對吧！」

最後，小黃帶木子做了一個放鬆姿勢，伴隨著引導，木子平躺在墊子上，雙手向上，雙腿伸直，把自己完全交給地面。木子已經好久、好久沒有這樣平靜過，竟然睡著了。等醒來，小黃已經去接小孩了，並在木子身邊留下一張小小的卡片。

起身以後，她按照小黃教的，把手放到胸口，做了一個合十禮，口中輕念一句瑜伽的結束語「Namaste」[7]，向她告別。

小黃的家庭會談卡

可以一起和家人聊的八個問題

- 家中未來的財務目標是什麼？各自的職業理想是什麼？
- 雙方的收入如何？是否能達到財務目標？需要多久？
- 想為孩子提供什麼樣的教育環境？今後如何照顧年邁的父母？
- 需要為今後的生活做什麼樣的儲備計畫？如何分工？
- 家裡目前的財務狀況如何？
- 父母是否可以幫忙分擔？是否能承擔清潔人員或者保母的費用？

7 Namaste：瑜伽禮儀中的敬語，意思是，以我心中的光，向你心中的光致敬。

- 公司周邊的機能便利程度如何？
- 事業成長空間如何？各自需要投入多少時間和精力？

提醒

請排出一個大家都相對空閒的時間，最好可以換個場景，比如找家咖啡館，大家平靜地聊聊。

話題不用一次聊完，可以每次聊一個，用以開啟話題就好。重要的是開始聊。

謀求溝通，而不是共識。沒有共識很正常，無法溝通也是常態。知道沒共識是共識的一部分；發現無法溝通，也是溝通的一部分。

讓對方先說，並認真地聽，五分鐘內不要打斷，盡量不要評價對方。

11 就算生小孩也能彎道超車

「聊得怎麼樣？」木子回到咖啡館，一打開門，胖子好像早就知道她的行程似，笑嘻嘻地問，「見到小黃了嗎？有沒有一起說我什麼壞話？」

「我們都覺得，你滿口荒唐言，特別不可靠。」木子開玩笑，「她說你幫她找到了人生議題，對她幫助很大。」

「那妳有什麼收穫嗎？」胖子問。

木子轉了轉眼珠：「小黃從自己的經歷中找到了個人議題，我深受啟發。不過，我的目標其實很清楚，我還是想做建築設計師。只是有點擔心『一孕傻三年』，技能也生疏了，怕離市場太遠。不過，看著她，我倒是知道自己退休後可以做什麼了。」

「是的，只要行動，總有收穫。」胖子說，「所以，再來一次素材尋找之旅如何？」

胖子在餐巾紙寫下另一組號碼。

木子撥通電話後，那頭傳來了溫婉好聽的中年女性聲音：「啊，胖子和我提過妳，我明天下午就有空，快來吧。」

第二天中午，木子按照地址開車來到城郊的昌平畫家村，是一座幽靜的小院子。一進院子，就是另外一個天地：左邊是小魚池，右邊是花壇，正前方是四間小平房，周圍被竹林環繞，讓木子整個人都平靜下來。

房間的牆上貼滿了各種海報，木子記得，她曾經在地鐵和電視上見過。當時她就覺得這些文案很吸引人，讓她印象深刻。

「您是一個廣告迷嗎？」兩人坐下後，木子問。

小紅笑笑，「這都是我寫的。」

天，原來就是她！她是非常著名的廣告人，是廣告行業的傳說！木子突然覺得有些惶恐，竟然在這裡見到了活在書上的人物，但像她這樣的人，竟也去過不上班咖啡館嗎？木子鼓起勇氣，提出自己的問題。

「我是特別熱愛工作的那種人，不是爲了賺錢，而是純粹喜歡。」小紅說，「我每天都是公司裡第一個到、最後一個離開的。新人進來，我就坐在旁邊，一字一句地教他們修改文案。上班路途，我腦子裡無時無刻在思考自己的提案，常常差點撞上路人。如果沒有工作，我總覺得自己站在曠野中，無依無靠。所以，在走進不上班咖啡館之前，我就想，年紀差不多了，生個小孩再回去繼續上班。」

木子沒想到，名聲赫赫的小紅這麼親切真誠，她開始有點喜歡眼前這個人了。

「但胖子說：『既然妳這麼喜歡工作，那有沒有想過，做些什麼，就能讓生小孩從阻礙，變成機會？』說實話，我從來沒這麼想過，我覺得生小孩是人生的必修課程，快點修完再回去上班就好。」

「但誰來照顧寶寶呢？」木子忍不住問。

「老莫啊，我先生是個藝術家，像神仙一樣不問世事，每天就喜歡畫畫、玩音響什麼的。而且他喜歡孩子，女兒小時候主要就是給他帶。」

小紅繼續說：「不過胖子這麼一問，我突然意識到，如果我留停一年，從懷孕開始，老闆、客戶也會降低對我的期望，減少我的工作量。這會讓我有一年多的空間，可以學點自己想學的東西。但是這也意味著我會遠離市場，遠離一線，失去敏感度，勢必會降低我的競爭力。這讓我左右爲難。而就是在這個時候，胖子問了我一個問題。

「什麼問題？」和胖子認識越久，木子就越意識到，問題比答案更重要。她的關鍵轉變，都是在這些問題下慢慢釐清並找到答案的。

「胖子問我：『有沒有什麼事情是可以利用這段時間去做，反而能讓妳超越同行的？』說也奇怪，好問題一提出，好答案就源源不絕！我當時就想到，廣告這行變化很快，大家在一線忙得團團轉，根本沒時間學習新東西。如果我能有一年時間不跟著他們的腳步，不是正好可以提前『彎道超車』，跑到趨勢前面等著他們嗎？」

那幾年我清楚看到，文字逐漸變成圖文取向，圖文又轉向短影音，我一直想進軍短影音領域。另外，我還有個更深層的目標，就是系統地學習藝術史。」

木子心裡暗暗感嘆，孩子都還沒生，就提前計畫好了復職，脫離工作環境反而變成了提升機會，人家成功眞是有道理的。

「我在備孕期間就開始制定復職計劃，列出自己想讀的書、想學的課、想拜訪的人。我對自己說，**工作可以停，但三件事不能停：學習、維繫人脈、輸出**。這段時間，雖然身體上有些不適，但生活反而過得更充實。等到產後復職，我已經準備好了自己的帳號，還去見了許多現在在短影音圈子裡很紅的年輕人。把這些成績拿給老闆看，他簡直驚喜得不得了，剛好有很多項目他搞不定。就這樣，我的彎道超車也就成功了。」

「我眞的很佩服妳！」木子說，「我和身邊大多數人，光是生小孩就累得焦頭爛額了，哪來的精力再做這麼多事？」

「哈佛幸福課的老師塔爾．班夏哈說過一句話：『我沒辦法教你新知識，只是提醒你那些你早已懂的道理。』我說的這些，也不過是時間管理、善用外援之類的老生常談。**其實最重要的，是心力，是找到自己眞心喜歡的事**。我身邊也有很多好友產後憂鬱，我才發現，生孩子最痛苦的不是累，而是突然丟失掉自己的身分，被孩子牢牢綁住的感覺，才是最恐怖的——但小孩又不能退貨嘛。每天學一點自己喜歡的東西，就好像在黑暗中握到了一條繩索，有了方向，只要往前走一段，心也安定了。我產後沒有憂鬱症，也沒有遇到職場瓶頸，反而能走的路越來越寬了。」

「這也太完美了吧！」木子感嘆，「我也眞想知道自己想要的是什麼。」

「妳會找到的，問問妳的前輩們，他們會告訴妳行業未來所需技能。」小紅笑著說。

「不過別照搬我的方法喔！我這個人以工作爲中心，也並不完美。我做事一根筋，一次只能做一件事，所以平衡對我人來說，就是個神話。女兒上小學那幾年，我完全沒怎麼管她，現在她已經十多歲了，開始有點不喜歡上學，甚至有段時間情緒低落。但這些都是我以前積欠的功課。所以我停下了工作，搬到這裡全心陪伴她。」

「所以，如果再來一次，妳會花更多時間陪孩子嗎？」木子有些同情地問。

「不，我不後悔。這就是我的個性。我是一個追求極致的人，要工作就極致地工作，現在，我就是要極致地陪她。」

那個下午，她們一起喝了很好喝的正山小種紅茶，看了老莫收藏的畫。出小院的時候，小紅的女兒正看著一朵花發呆。她們倆輕步走過，沒有打擾。

完美，其實就是接受自己的不完美。開車回去的路上，木子的心情似乎又好了很多。而此刻，木子非常堅定：我要復出，重新殺回設計師生涯！

12 萬花筒生涯：真我、挑戰、平衡

接下來的三個月裡，木子做了許多準備：提前打點好女兒上幼兒園的事，同步開始找自己的彎道超車機會，她慢慢將目標鎖定在了別墅的全屋設計市場，雖然現在裝修的需求少了，但個性化的高檔別墅設計還有一定需求，這也是木子希望發揮的領域。爲此，她學習了不少相關知識，重新改了履歷，並動用人脈存摺，聯絡了幾名老同事和老上司。不到五週，就陸陸續續收到了幾個面試機會。

不過，實際去面試了才發現，別墅的全屋設計師需要大量熬夜、反覆改稿，施工階段又需要經常實地勘查。對於希望能規律上下班，陪伴孩子成長的木子來說，根本無法勝任全職，只能自降半格，成爲設計助理。

目前有一間她很心儀的公司，卻需要橫跨整個北京通勤，她只能忍痛放棄。最後選來

選去，選中了當前這家公司，離家不遠，每天能準時下班，雖然收入不算高，但五險一金（社會保險與住房公積金）齊全，老闆也是熟人，是前主管的一位同事。

好了，這下終於能過著每天被夢想叫醒的日子了！

五點二十分，沒被夢想叫醒，也沒被鬧鐘叫醒，木子卻先被焦慮叫醒了。

老趙一邊吃早餐，一邊各種千叮嚀、萬交代，木子都沒怎麼聽進去，她滿腦子都被擔心占滿——怎麼跟主管和同事打招呼？怎麼和客戶交流？上午入職後首先該做什麼？

木子試著在心裡排練，可發現腦子裡還都是瓶瓶罐罐、芝麻綠豆的家務場景。兩年沒接觸職場環境了，我能適應嗎？孩子會不會想媽媽？出門前，孩子還大哭了一場。但一想起要成爲一個「智慧、堅韌、自由」的人，讓自己獨立起來，讓孩子以自己爲榮，木子又鼓起了勇氣。

木子自認爲和社會沒脫節太多，但第一天上班，她還是徹底暈頭轉向了。

HR讓她簡單簽了幾份合約，帶她繞了公司一圈和同事相互介紹後，就把她扔在座位走了。直屬主管正忙，只來得及丟給她一本厚厚的工作手冊，讓她先熟悉工作內容。

在下午的專案交接會議上，大家聊得熱火朝天，只有木子不時地出神。到了會議後半場，她已經完全放棄聽懂大家爭辯的話題，總是忍不住地想，寶寶還好嗎？有沒有想媽媽？最後，主管循例問她，有沒有什麼意見？她聽見自己用很小很小的聲音說：「我才剛來，沒什麼意見，我會多加學習，跟上進度的。」

那個從不打草稿就能侃侃而談的木子去哪了？木子引以爲傲的記憶力，似乎也失靈了，現在她隨身攜帶筆記本，有什麼事情就寫在上面，生怕自己遺忘。

下午，主設計師請她列印圖紙，她在印表機前站了三分鐘，依然沒有弄清楚新型的印表機該怎麼使用。最後，還是同組的同事過來解圍：「沒關係，我教妳。」

木子愣愣地站在印表機前，覺得自己彷彿被時光拽著頭髮，拖回到大學剛畢業的狀態，但定睛一看，自己已經一把年紀，竟連大學生都不如，簡直是個廢物。

不過，世界對於媽媽重返職場的惡意，似乎不止於此。過了幾天，女兒突然發高燒到三十九度，木子才剛上班，無假可請，只好由先生請假回家，帶著保母和孩子去醫院。就連木子的媽媽也傳訊息來關心：「小寶寶怎樣了？有必要這麼著急工作嗎？」木子心裡內疚極了。媽媽離不開寶寶，寶寶也還不適應離開媽媽吧。

我眞的準備好了嗎？我是不是不適合工作啊？木子躺在床上，看著天花板睡不著。

明天早上，我應該要去上班嗎？

滴滴滴……

後車喇叭的催促打斷了木子的沉思，在駕駛座上回過神來，木子才發現，只是因爲前車移動了兩公尺，而她沒跟上。急什麼呢？大家不都還塞在這裡嗎？木子一邊在心裡咒罵司機，一邊揉揉自己發疼的太陽穴。她在下班的車流裡，已經塞了快四十分鐘了。

上班滿一個月了，木子逐漸適應了這份工作。最明顯的變化，就是她話越來越多了，她會主動和同事聊天，開會時候，那個口若懸河的木子也回來了。一次會議上她對於專案的設計建議，還獲得了客戶的賞識。

不過，當焦慮像潮水般退去，內疚的礁石卻越來越顯眼。每天出門前和寶寶的告別，像是生離死別。上班時，她無數次地觀看家裡的監視器，看看寶寶怎麼樣了，時不時地還偷偷哭一場。回到家裡，趕緊親一會、抱一會孩子。

孩子晚上八點多睡著後，木子自己也常常昏睡過去（老趙經常開玩笑說，媽媽不是哄睡，而是先睡）。這時如果公司還有事，重新爬起來工作簡直比沒睡還難受。

更糟糕的是，木子發現自己正在變成一個溺愛的母親——以前約定好的紀律和邊界，比如什麼時候上床，能不能吃零食等，她都沒辦法再繼續堅持下去。心裡的內疚感總在對她說：媽媽不在身邊的寶寶好可憐啊，就縱容她一次吧。

但是木子並沒有打算去找胖子。畢竟他身爲一個大男人，也沒有帶小孩的經驗，能懂什麼呢？若不是今天舉辦特賣會的超市正好在咖啡館附近，她也不會突發奇想過去看看，現在還被卡在車流裡動彈不得。

好不容易踏進咖啡館，已是晚上九點多。木子惦記著孩子，連咖啡也不喝了，打了個招呼就要離開，胖子卻堅持挽留她：「別走別走，我剛調試了一款新咖啡，叫『平衡之道』，幫我試試，喝完再走也不遲。」

「唉，平衡個什麼啊，我現在發現了，所謂平衡就是個神話，根本不可能。」木子晃著咖啡杯，幽幽地嘆氣，「你知道嗎，最近公司接了一個崇明島的別墅專案，我眞的很想加入，但是必須要出差一個月，我要顧小孩，根本就不現實。最後只好把機會讓給一個男同事了。這樣下去，我根本不可能升職加薪。胖子，你作爲男人的叛徒，說句公道話——我覺得職場就是歧視女性。我們既要有自己的事業，又要兼顧家庭，還想有自己的業餘愛好。但我們又不會分身術，這怎麼可能實現呢？」

「小聲點，不是說好了不提這事了嗎？」胖子緊張了起來，「公道地說，職場對女性確實不太公平的，而且這些不公平，不在書面上，而潛伏在我們的文化裡。妳聽說過那個女生狀告教育部的事件嗎？」

胖子說的這件事是很久前的新聞了，表面上看，是個別的性別歧視投訴事件，但因爲雙方身分特殊——維權者是一位女大學生，而被投訴的對象是某教育局——這在當時討論度很高，木子也有所耳聞。

「當時教育局發布通知，特招五百名男性師範生，學費全免。而這位女學生覺得自己權益受損，所以實名投訴此事，造成當時社會一陣轟動。而該教育局也非常委屈，解釋是因爲教育系統內，尤其是幼師體系的男性太少，很多家長反映幼兒園『陽剛不足』，所以才採取這一措施，覺得自己並無過錯。支持女生的一方則覺得，教育資源人人平等。高校會不會因爲一些專業女生太少，就放低門檻，學費全免？當然不會！爲什麼對男生網開一面？兩邊爭執不下。」

「其實他們都沒說到問題的核心。」木子心直口快，「男生不當幼兒園老師，根本原因在於出路有限。因爲幼師薪資低，福利差，而男生要養家糊口，如果不提高教師的社會地位和福利待遇，即使培養出男教師，也有很大的機率留不住人。小學和幼兒園教師女性比例高，本身就是性別歧視帶來的結果。如果認為教師的男性比例偏低，必須要把整個行業變得有吸引力，才有改變的可能。」

「妳說得對。在法國，小學教師的待遇就很高，哲學家沙特、前總統龐畢度都是巴黎高等師範學院畢業，還考取了教師資格證書。」胖子點點頭，「不過，為什麼明明待遇不高，還有很多女性想進入這行呢？」

「還不是因為傳統的性別觀念作祟！師範生免學費，有些家長覺得省錢，女孩就讀完書出去考個老師也好。還有些家長覺得，女生細心、會照顧人，適合當老師，而且婚後就負責照顧家庭，加上自己又在當老師，還能教孩子讀書，是個不錯的結婚條件。」木子簡直越講越氣憤，「這全都是你們父權思維下的產物。**男女看似平等，實際上卻掩蓋了真正的不公平！**」

「別別別，我叛變、我叛變。」胖子被嚇得連忙擺手，「比不公平更可怕的，是維持表面平和、息事寧人的公平。其實，不是所有男性都是這麼想。但是妳看，這其實不單純是招生是否學費全免的問題，而是更深層的就業出路問題——說白了，是整個社會對女性的偏見觀點。甚至，這不僅僅是社會問題，還涉及女性如何看待自身處境的問題。所以要解決問題，更重要的是先解決社會上對女性的既定刻板觀念。

胖子激動地雙手比畫了半天，又指指自己的太陽穴，「是我們腦子裡的觀念。」

木子稍微冷靜下來了，覺得胖子說得有道理。因爲May就是一個「女權鬥士」，但是她只是用男人的方式戰勝了男人，表面上是贏了，但同時自己也孤獨焦慮一身傷，而社會對於女性的刻板觀念，也並沒有改變。她看不起沒能力的男性，甚至也看不起選擇生育的女性，這和男性對女性的歧視有什麼區別呢？

「那該怎麼辦呢？用男人的方式征戰職場，我們根本沒有機會贏。」

「如果在一個故事裡，就算竭盡全力了也都註定失敗，那它就不是個適合妳的故事。」胖子說，「爲什麼妳不換個故事呢？」

「職場能有什麼新故事呢？無非是升職加薪或者成爲專業權威，走上人生巔峰。」

「當然有啊，比如『萬花筒生涯』，這一種新的生涯發展模型。這種觀點認爲，我們不要把職場看成是一個金字塔或戰場，因爲不可能所有人都能擠上那小得可憐的金字塔頂端，這個遊戲始終是幾個人贏，一群人輸。但是，有沒有一種生涯模式，是能讓每個人都可以在自己的職場上找到成功?我們是否可以在每一階段、每一份工作裡都感到充實、快樂,有所成就?

「對了,妳玩過萬花筒嗎?我這裡正好有一個。」胖子在身後的抽屜裡翻找,終於在一堆小汽車模型後面,找出一個萬花筒。這個小圓筒現在在他手上,徐徐旋轉。

萬花筒生涯

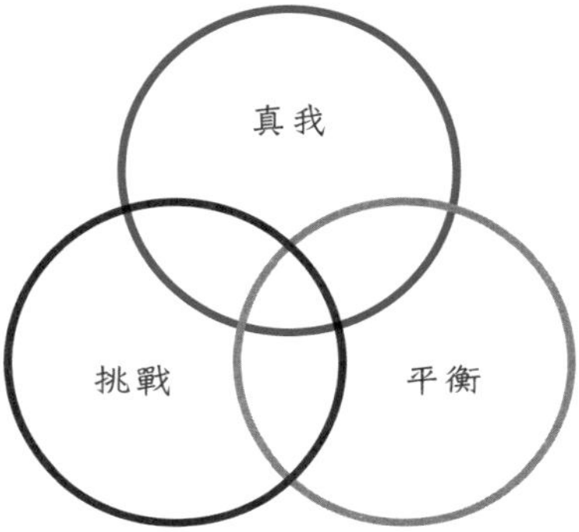

「妳看,萬花筒之所以千變萬化,因爲裡面有三種色片——紅、黃、藍。轉動萬花筒,透過稜鏡,會展現出千變萬化的圖案。人生也有三個要素,真我、挑戰和平衡。真我就是真實地做自己,挑戰意味著找到自己想要爭取、精進的目標,平衡則象徵持續保持自我、家庭、社會的平衡。

在不同的人生階段裡，我們需要用不同的組合，體會不同的人生。比如這個階段，孩子還需要母親照顧，妳尋求的是一種組合，這樣的組合，有這樣的美。但是到了孩子三歲上了幼兒園，或六歲上了小學，每個階段，妳的眞我、平衡和挑戰面貌都會改變。到時候，妳自然可以再轉動萬花筒，去負責喜歡的專案，去挑戰想挑戰的事情。我們的人生也幻化出千變萬化的狀態，這樣的個人發展故事，妳會更喜歡嗎？」

木子接過胖子手上的萬花筒，將尾部對準燈光，徐徐地旋轉。裡面的圖案隨著旋轉千變萬化。小時候，她可以玩這個遊戲玩一整個下午。那時她不明白，小小的萬花筒裡爲什麼會藏著無窮的圖案？長大後，即使知道了原理，她還是著迷於這份神奇。她突然靈光一閃，小紅也許就代表「挑戰」，小黃是「平衡」的高手，而她自己則是「眞我」。三種力量透過眞實世界的稜鏡，會激盪出什麼樣的可能性呢？是一切可能。

「所以，職場其實可以不是戰場，而可以是……」木子放下萬花筒，拚命想出類比詞彙，「是遊樂場？」

「是的，如果妳不喜歡升職加薪的劇本，爲什麼不試試看這個故事呢？國外，已經有很多人實踐萬花筒生涯，他們更渴望一種更豐富、更平衡、眞實且充滿挑戰的生活，於是退出了職場競爭，選擇圍繞自己的人生工作。他們把這個叫『退出革命』（Opt-Out Revolt）。當越來越多人開始演繹自己的萬花筒生涯，也許社會的觀念就會有所改變。這個故事，妳喜歡嗎？」

「我喜歡！」

人生不是戰場，而是遊樂場。我能在不同階段，轉動萬花筒，根據眞實的自我，選擇自己熱愛的挑戰，同時保持平衡，這是我要的人生！

「那就好！」胖子指著她手上的萬花筒。「接下來，我們來談談：萬花筒實際上該怎麼轉才好看。」

13 角色堵塞，重新調度

「妳已經找到了人生主題，這是『眞我』；找到了喜歡的行業，這是『挑戰』。現在重要的是找到自己的平衡。妳並不是平衡能力不好，而是遇到了塞車。」胖子說，「不是剛才的塞車，而是角色塞車，又叫角色堵塞。」

木子問：「什麼是角色塞車?」

胖子隨手抓起身後展示櫃裡的一堆小汽車模型，在櫃檯上並排擺開，他拿起一輛紅色小車，「這是妳的其中一個角色，工作者。」他拿出另外一輛粉色的，說，「這個是第二個角色，女兒。在妳二十五歲剛剛來北京的時候，妳的車道裡，就只有兩輛車。」

對啊，木子回想起自己二十五歲的時候，單身自由，下班了就約姊妹聚會，想家了就隨時買張車票回去看看父母，眞的無憂無慮。隨著她遇到老趙，也新增了一個「女朋友」

的角色，開始花更多時間聚焦於兩人相處。

再後來，她從「女朋友」變成了「妻子」，要照顧的事更多了，除了老趙，還有老趙的父母。過年的時候，她還要陪老趙回老家看父母，吃完飯要趕緊洗碗，力求表現，此刻她是「媳婦」。

想到這裡，她也拿了一輛紫色的小模型車，放在紅色、粉色的車旁邊。「所以，妻子也是一個角色？」

「是的。孩子出生後，妳又多了一個角色——媽媽。」胖子又抓來一輛黃色小車，哦，不，一輛黃色小巴士模型，「二十五歲的時候，妳的車道只有兩輛車，清清爽爽。但三十三歲，八年以後，噔噔噔噔——妳突然身兼了四個角色。前段時間，妳還有第五個角色——媳婦，而且每個角色的工作量都爆炸。」胖子說著，又拿出一輛腳踏車模型放到櫃檯上，然後攤開手，對著桌面做了一個「妳看」的手勢，那上面已經有一堆車了。

「現在，妳試著摸摸它們？」胖子說。

木子拿起了代表「工作者」的紅色小車，她馬上聽到一個聲音！她吃驚地看向胖子。胖子把手放在耳邊，示意她好好傾聽。

那是她自己的聲音，年輕有朝氣：「我要努力工作，我要上進，我要成爲業內最好的設計師，我要有自己的設計風格和創立個人品牌……」

然後是粉色的「女兒」：「我要成爲讓爸媽驕傲的女兒，我要帶爸媽環遊世界，我要在首都替他們買房，我要好好照顧他們……」

紫色的「妻子」說：「我要和他一起幸福地慢慢變老，我要把家裡收拾整齊、把人照顧得健康、將生活過得滋潤。他一個人賺錢太辛苦了，我還得賺錢補貼點家用……」

當然還有黃色的「媽媽」：「寶寶我好愛妳啊，妳太可愛了，媽媽好想一直陪著妳，哪都也不去。媽媽要讓妳受最好的教育，存錢給妳讀最好的大學，希望妳能和最好的對象結婚，哦不，妳要一輩子都陪著我，不離開我！算了，還是希望妳能獨立，去過幸福的生活……」

想到這裡，木子突然想起，自己還有「朋友」和「休閒者」的角色（她太想安安靜靜地待一會兒了），還有「學生」的角色，什麼時候能去進修心理學呢？

胖子的話傳了過來，「這些車每輛都想先過，都想占據這條車道，不僅要占，還要全部都占。妳說，妳這點精力，怎麼夠呢？這個現象就叫角色堵塞——妳這個導演，要拍的角色太多了，一個鏡頭裝不下。」

「那有什麼辦法嗎？」

「當然有。」胖子拿起一張餐巾紙，邊寫邊說：「口訣是，讓重要角色先走。至於實際執行方法，妳看看這四個問題。」

木子接過來一看：

未來三年裡，讓重要的角色先走。

哪些角色是必需的？缺了妳演不下去的？讓她先走。

哪些角色是妳特別重視的？讓她先走。

哪些角色是妳現在不演，未來也有機會演的？讓她先等等。

有一起上臺的可能嗎？

「有什麼角色，是缺了我演不了的呢？」現階段的答案顯然是：母親。木子要親自陪伴孩子成長，這是她的原則。

「有什麼角色，是我特別重視的呢？」這個回答讓木子很是掙扎，究竟是「工作者」還是「妻子」？兩個都好重要啊。她看向胖子。

胖子似乎看出了她的猶豫，「我們可以嘗試區分時段上臺表演，白天是工作者上臺，而晚上妻子爲重。當然，也會總會有一個角色是主演。試著將登臺時間拉長到極致後，妳會選擇哪個角色？」

如果把登臺時間拉長，要決定主演的角色則是「設計師」和「妻子」。木子問自己，如果一定要選擇其中之一：是做一個單親媽媽設計師，還是在家當賢妻良母永遠不工作？

腦中某念頭一閃而過後，木子有點被自己的想法嚇到了，她竟寧願選擇設計師。她心裡深處的渴望讓她終於驚覺，自己竟然和小紅是一樣的人！這可不能告訴老趙！但轉念一想，老趙似乎也是將「工作者」的角色擺在最重要的位置，那爲什麼我不可以呢？

第三個問題，「哪些角色是我現在不演，未來也有機會演的？」這個答案也很明顯——「女兒」的角色是可以先放一邊的，媽媽今年才六十二歲，還不用自己操心，她正興致勃勃地準備和爸爸去旅遊呢，他們想過一段輕鬆的二人世界時間。至於「學生」、「朋友」的角色，也都可以放下，我要先確保自己手頭這份工作穩定無虞——先求生存再求發展。

如此一來，木子的排序變得清晰許多。母親、設計師、休閒者、妻子、女兒、學生、朋友。這一次，她大膽地把休閒者的角色放到了妻子前面——畢竟自我充電很重要。

「我希望可以抽空休息，做媽媽和上班已經夠累了，只有先恢復元氣，才有更好的狀態陪伴先生，否則就算在一起也都是怨氣。」她對自己說，「至於陪父母旅遊和進修，近三年不考慮了。」演員表砍了一大半後，木子覺得自己人生這部大戲，一下子又好看起來。

「好奇怪，明明事情一件也沒減少，心情倒是輕鬆了很多。」

胖子隨手找了一塊抹布，將其擰乾：「妳看，擰抹布這個動作，之所以累人，是因爲它左右互搏，哪隻手都贏不了。若是用力擰，只要十秒鐘手都在抖。但很多人已經擰了這條抹布十年了，他們能不累嗎？」

木子點頭：「你說得對，我發現了，工作和帶小孩都累，但都比不上心累。這麼一安排後，很多內疚感就消失了。比如，公司那個崇明島項目很誘人，但偏偏要出差，既然我首先要當媽媽，所以也就不用再糾結了。回家如果我需要休息，就先踏踏實實地休息，做些運動，也不用擔心是不是沒盡到妻子的義務。」

「沒錯，所謂委曲求全，從來只有委屈，沒有全。」胖子大笑，「不過，木導，您進步很快哦，都懂『調度』啦。接下來，我繼續教你幾招角色調度的技巧吧。

第一，要盡量替每個角色安排獨角戲，因為品質比數量重要。陪伴孩子就全然地陪伴，不要腦子裡還想著工作。同樣，上班時間就踏踏實實工作，除非某些緊急情況，才切換身分。除此之外，妳就好好扮演一名工作者。

第二，角色之間發生衝突、糾纏，不是壞事，衝突讓人生更有張力。但故事該怎麼走？妳就回歸到角色排序，讓最重要的主演先上場。」

木子點頭，表示收到。

胖子說：「那最後，我們試著排練看看一個大場面。這就是第四個問題：如果角色衝突的話，有整合的可能嗎？」

這個問題，小黃的「媽媽體式」裡教過。木子馬上想到了很多：

- 週末，請老趙安排家庭出遊，是整合母親、休閒者、妻子的角色。
- 隔段時間，接媽媽來家裡住一段日子，是母親和女兒角色的整合。
- 和老趙一起學家庭教育課，是媽媽和妻子角色的整合。

- 等寶寶大一點，帶她一起上一天班，講媽媽做的事給她聽，是職場人和媽媽的角色整合。
- 安排公司媽媽聚會，是休閒者和母親的角色整合，搞不好還能促進職涯發展。

現在，木子的心像一塊平鋪的絲綢，平滑又舒展。因爲舒展，很多好點子骨碌碌地冒出來，像絲綢上的珍珠到處滾動——有太多資源可以整合，事情也處處可兼顧。

不過內心深處，木子還有一絲的不滿足：這樣安排固然理性又有效，但總覺得還有一點遺憾，像是全家環球遊的夢想，還有出國讀書，都被暫時排除了。她知道這是當下正確的選擇，但她還是很難過。這些夢想，難道就永遠變成遺憾了嗎？

過去的木子，也許就對自己說，算了吧。不過木子想起來，她還有一個人生主題——持續保持內心自由。她把自己的遺憾告訴胖子，嘆口氣說：「可能這就是人生吧。」

胖子對她的感悟不置可否，只是問：「別太早定義自己的人生，這樣妳會錯過很多。想像一下，如果按照十八歲那年的夢想過活，是不是也很無趣？還記得萬花筒生涯嗎？妳有沒有想過，這可能恰恰就是妳的下一次轉動，是妳的續集創作計畫呢？」

「對，重新找到下一個眞我、挑戰和平衡組合！你是說，我的這些角色，可以在未來各階段輪流上場嗎？」

「當然可以！孩子到了六歲，媽媽的身分要退後，爸爸的角色戲分要增加，妳可以把更多時間分給『進修』；父母親在六十到七十歲，體力還可負荷，要抓緊時間環遊世界，而他們需要妳的時候，是在他們七十五歲以後，那時『女兒』的角色就要輪替上來；而在某個時間段，可能妳『設計師』的角色需要全力以赴，記得提前和先生、孩子打好預防針，『休閒者』出場的時間也可以減少。

有人會畫出不同階段的不同角色比例示意圖（見第二百三十頁）——但是，這是別人的示意圖。妳是自己人生的導演，要策劃出一個能自己說了算的人生劇本。」

「太妙了！」木子興奮地站了起來，「小黃教會我平衡，小紅教會我把問題變成機會。雖然我無法成爲她們，但我能用她們的故事，演出我自己的人生。現在，我又有了這個萬花筒，可以一次次地設計自己的未來。」

「**沒錯，再完美的故事，也終究不是妳的。如果妳不喜歡現在的劇本，為什麼不自己重編一個版本呢？**」胖子說，「木子，妳是個好導演。妳現在要做的，只是從別人的故事裡

生涯彩虹圖[8]

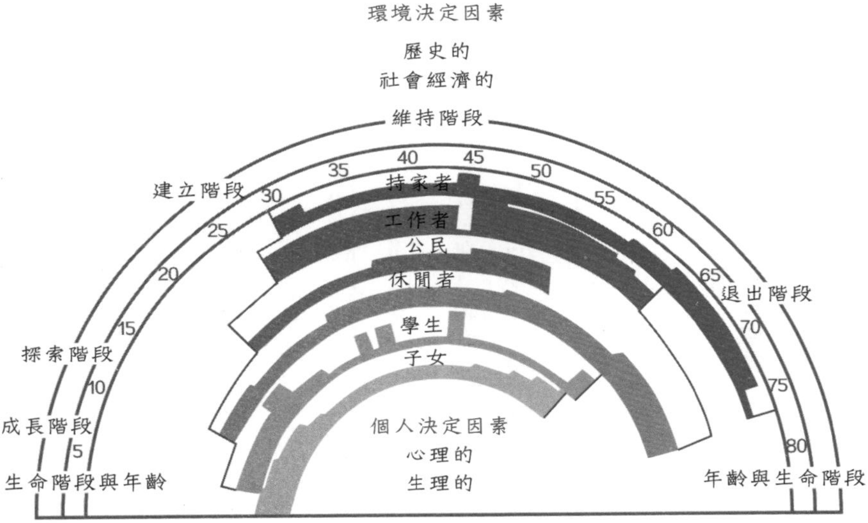

▲ 內圈陰影呈現了人在不同年齡階段的角色與重要性。陰影範圍的長短粗細表示角色的重要比例，同一時期可能有多個角色重疊，但占比分量不同。

醒來。」

醒來！從看不見的女人的夢裡醒來。從全職媽媽的苦役裡醒來。從委曲求全的好人心態裡醒來。從固化的女性劇本裡醒來……

這短短半年間，木子的生活看上去似乎沒有什麼改變，但她內心越來越清醒，看到了種種角色的快樂，看到了世界的無限

8 編註：由美國職業理論家唐納．舒伯（Donald Super）所創，是一種用以描述個人一生中所扮演的各種角色及其發展階段的圖形。它象徵著不同的生命階段，以及在這些階段中所承擔的各種角色。

可能。

夜風湧入車廂，把她的頭髮吹得飛揚起來。副駕駛座上放著胖子送她的萬花筒和一盒烘焙餅乾，餅乾做成了摩托車形狀，這是胖子送的試吃新品。她打開音響，不知道什麼時候，歌曲從〈後來〉變成了〈勇氣〉。木子用手指在方向盤上輕打拍子。

「愛真的需要勇氣，來面對流言蜚語，只要你一個眼神肯定，我的愛就有意義……」

木子跟著歌曲輕輕哼唱起來。

覺醒卡・角色平衡

- 如果向外找不到，試試看向內探詢自己的人生議題。
- 如果你有清楚的發展方向，趁休假空檔，可以學習彎道超車的行業技能。
- 職場上男女看似平等的規則，實際上卻掩蓋了真正的不公平。
- 職業生涯不是一次次衝擊職業金字塔頂端的戰鬥，而是不斷組合真我、挑戰和平衡的萬花筒生涯。
- 二十八至三十五歲，是最容易「角色堵塞」的時候。
- 讓重要的角色先走。
- 人生不是戰場，而是遊樂場。

↘ 實際行動

試試看盤點自己的人生角色，問問自己，未來三到五年：

（1）哪些角色是必需的？缺了你會演不下去的？讓他先走。

（2）哪些角色是你特別重視的？讓他先走。

（3）哪些角色是現在不演，未來也有機會演的？讓他先等等。

（4）有兩個角色以上一起上臺演出的可能嗎？

完成上述任意一項任務，可免費獲得「可以不上班」咖啡一杯。
有效期 15 天。店主胖子擁有一切解釋權。

14 一匹小紅馬

幾天後的一個晚上，女兒在客廳裡突然大叫：「媽媽、媽媽，這是什麼？」

木子一看，小傢伙左手舉著半截摩托車餅乾，右手揮舞著一張小紙條。自從這小傢伙兩歲多，家裡的零食已經藏不住了。

這是那種藏在餅乾裡的小紙條，展開有手掌大小。正面依然是胖子的覺醒之眼LOGO，翻過卡面，是胖子寫的一段話：

木子，看到這些文字時，妳的人生大幕應該已經徐徐展開，這次是妳喜歡的故事吧。智慧、堅韌、真正的愛，以及保持心中的自由——妳寫了這麼好的人生故事，我也有個故事想說給妳聽。

在很久很久以前的一個寒冷冬日，某個遙遠的小鎮裡，農夫吃掉了所有糧食，最後不得不殺掉他養的三隻動物：豬、牛和最喜歡的小紅馬。

他感到非常內疚，於是答應滿足每隻動物最後一個願望。他問豬：「對不起，我要殺了你，你有什麼願望呢？」

豬說：「我希望飽餐一頓。」

於是豬獲得了最後的麥糠。

過了幾天，食物又吃完了。

農夫只好問牛：「對不起，為了飽腹我只好殺了你，你有什麼願望呢？」

牛說：「我希望能休息個幾天。」

於是，牛獲得了三天的休息時光。

最後，農夫不得不找到小紅馬。

「小紅馬，抱歉，我不得已只好殺了你了，你想要實現什麼願望呢？」

你猜，小紅馬許了什麼願望呢？

小紅馬想了想，說：「我不喜歡這個故事，所以，我要去別的故事啦！」

於是，小紅馬從故事裡醒來，邁開馬蹄，奔向曠野去了。

而妳就是那匹小紅馬。

現在，從別人的故事裡醒來，跑進自己的生命裡去吧！

胖子老闆的咖啡手記

「平衡之道」咖啡：拿鐵

拿鐵（Coffee Latte）的底層是一份濃縮義式咖啡，上面加入五份加熱到約六十至六十五度的純牛奶，頂層覆蓋不超過半公分厚的細緻奶泡。

「Latte」在義大利文裡是「牛奶」的意思，牛奶和咖啡，溫和和濃郁，白和黑，需要充分融合並達到平衡。牛奶以其獨有的細膩溫和，包容了濃縮咖啡的強烈口感——彼此有所分隔，但是又整體相融。輕輕晃動杯子，中間層的咖啡會隨之晃動，因此也被稱做「跳舞的拿鐵」。

拿鐵作法看似簡單，但並不容易。好的咖啡師會把牛奶壺適度拉高，讓牛奶注入咖啡底部，同時另一手以穩定的方向攪拌，使咖啡從內到外、從上到下，皆色澤均勻、金黃細膩。

充分地混合和平衡，是其真意。

Chapter 3

轉職關頭的覺醒

理解工作價值，找回你為何堅持到現在的初心

01 裁員風暴來臨

一走進辦公室，王鵬就發現今天氣氛不尋常。

往常熱鬧的辦公室突然變得靜悄悄的，顯得鍵盤的瘋狂敲打聲特別刺耳，彷彿拚命證明：「我有在做事！我有在做事！」

王鵬瞥了一眼平常總有人聚在那裡聊天的茶水間，居然一個人也沒有。

經理辦公室緊閉的門打開了，只見HR小跑到印表機旁拿取文件。雖然誰也看不見，但她還是下意識把文件反扣在胸前，又快步走入經理辦公室——這下就更確定了，這份檔案和這間辦公室的人有關。

王鵬所在的這家公司，是著名的IT大廠，在過去二十年的網路時代，一直都以演算法和工程師文化享譽業界，是所有工程師的頭號夢幻公司。王鵬就讀電腦相關科系，大三那年正好這家公司到校招生，他過五關、斬六將順利加入後，一時風光無限。

第一天去公司上班，王鵬就被三樓的員工餐廳震懾住了。這裡的水準比學餐高了不只一點，從廣州燉湯到美式三明治，各式菜色盡有，甚至還能點餐，餐點水準媲美高檔餐廳。重點是價格也不貴，員工證一刷就自動記帳，王鵬每每帶同學來吃飯都無比自豪。

那時候網路公司發展如日中天，資金充裕，公司在技術開發上花錢不手軟，工程師的地位自然也高。那時候的王鵬覺得，自己似乎站在一條永不沉沒的大船甲板上，駛向星辰大海。但誰能想到，這幾年環境不景氣，就連「鐵達尼號」也有撞冰山的時候。

打開電腦，平級同事們拉的「全無群」（全世界無產者聯合起來群）群組，訊息瘋狂地跳出。

「我靠，聽說公司開始裁人了！」

「真的，我太太就是人力資源部的，他們已經開始通知人了！」

「我們這裡A專案和B專案都合併了，人已經裁了一半。」

「我的天！千萬可別叫到我。」

「昨天××部門直接全員裁撤，如果要拿資遣費，就是『被動離職』，以後找工作很麻煩的。」

「別傻了，錢能入袋爲安才是正事。」

「我也怕怕……」

「功德＋1」

「功德＋1」

過了一會兒，門打開，ＨＲ快步走到一名同事的座位旁邊，「常娟，妳進來一下。」

「我嗎？」常娟是產品測試組的，她忐忑地站起來，走進經理辦公室。

十五分鐘以後，她推門出來，步伐遲緩地走回座位。大家趕忙圍上去問：「怎麼樣？發生了什麼事？」

常娟沒有理睬，眼睛直愣愣地發呆，似乎還沒反應過來。她愣了幾秒鐘，又把臉埋在臂彎裡，肩膀微微顫抖著哭了起來。

公司通知被裁員的同事時，沒有留給他們太多反應時間，內部信箱和帳號當場封鎖，並要求在四小時內收拾走人——這次要裁二十％的人，到底會是誰呢？會不會就是自己？

在這種恐怖時刻，王鵬腦中卻天馬行空，思維奔逸。他想起一場生物學教授的演化論講座：在很長一段時間裡，斑馬向來是演化論的難題。牠們身上的黑白條紋，在非洲草原裡實在是太顯眼了。如果按照演化論推斷，動物身上根本不應該長出這樣的條紋。

但最後科學家給出了解釋：獅子和獵豹一般只會攻擊落單的動物，不會攻擊群體，而斑馬群體的黑白條紋會讓掠食者難以分辨目標，反而降低了被攻擊的風險。這個論點讓所有生物學家都鬆了一口氣。

王鵬把這觀點講給太太聽，還反而遭到調侃：「這是不是你們工程師都穿格子襯衫的原因啊？這樣全都混在一起，老闆就都不知道要裁誰了。」

現在，王鵬苦笑著看看自己的格子襯衫——在這群ＩＴ斑馬裡，獅子會先挑上誰呢？

王鵬是一個好奇心旺盛，熱愛一切稀奇古怪事物的人，有段時間他喜歡開車，就會在週末去修車廠無償打工，跟師傅學技術，把一輛車拆成零件，再重新裝起來。

後來，他又迷上了養魚，幾個月後，他的家渾然變成了熱帶魚樂園，自己調配海鹽、控制水溫，飼養從世界各地收集來的珊瑚，水裡還游著各種漂亮的熱帶魚。

當然，那是在他單身的時候。三十歲結婚生子後，他的這些興趣愛好收斂了很多。現在的王鵬微胖，留小平頭，戴黑框眼鏡，他的臉色發白，是常年面對螢幕，不見日光的原因，他的上身穿格子襯衫，下著則終年搭配牛仔褲和跑鞋，看起來和任何一個普通工程師沒什麼兩樣。

但若聊到感興趣的話題，沉默寡言的他突然就會被啟動，似乎點開了腦子裡的某個「連結」，手舞足蹈地講起某個專業領域的知識，眼神發光，樣子可愛。從此得了「博士」的外號。

他的朋友們常常會懷疑，王鵬的大腦也許不在他這個圓滾滾的腦袋裡，而是連在某個雲端硬碟之上。

裁員這件事在員工眼裡毫無徵兆，全憑天意，但在組織的眼裡，卻是有條不紊、路線清晰的流程：首先會被裁掉的是距離成果轉化比較遠的研發部門，因爲研發產品的週期長，不確定能活到出結果的一天；再停掉不那麼賺錢的專案，這樣可以大批裁掉可有可無的開發部門和產品經理，然後是組織結構的調整。正在執行的諸多專案和區域按照「關、停、併、轉」的方式重新整合，幾個專案併成一個區，幾個區又合併成一個大區，這樣可以迅速擠掉一群中層管理者。支撐部門的工作量會大大減少，從而能裁撤一批客服、行政……最後，只留下必要的業務和賺錢項目。

最後，是所有部門全面開始「降低成本、提高生產效率」：先放出風聲——降低出差旅費標準，尾牙和Team Building取消，影印紙雙面都要使用，再到無紙化辦公……實際上是省不了多少錢，但要的就是這個聲勢。

接著再從留存部門中估算出比例，先從專案上薪水比較高的老中層開刀，再清理收入相對高的資深工程師，砍到最後剩下有基本維護能力的初階人員爲止。

此刻，即使是核心部門裡的經理們，也必須面對人員去留的選擇：員工會被按照「能力—忠誠度」的矩陣評分，裁掉那些評分低的人。而對於資深人員，如果裁掉成本太高，有的組織會給出更高的KPI，讓一部分人知難而退，可以省一筆資遣費。

最後的最後，還有一批難搞的，或與公司產生糾紛的員工。公司自有專業的律師團隊負責處理勞動糾紛，一次耗他個半年、一年，很多人也會舉手投降。

組織像是一臺啟動自毀模式的機器，精準而高效地自我吞噬，往日那些飯桌之間的談笑，專案衝刺時的同甘共苦，此刻遙遠而陌生，像遠古神話。但此刻說裁就裁，裁了就給資遣費的公司，老實說，其實也算是間良心公司。

幸好，裁員名單上沒有王鵬。

下午經理召集開會，王鵬腦袋嗡嗡的，什麼都沒記住，只記得經理反覆說的幾句話，大概意思是：人少了，但業績一定要保持以往水準。大家一起做，道路是曲折的，但前途是光明的。

會議開了近兩個小時，回來時，常娟的座位已經空了，桌面空空蕩蕩，敞開的抽屜像咧著嘴笑的怪物。她留下來了一盆多肉植物，那是幾個月前大家送給她的生日禮物，不知道是忘記了，還是故意留下。

兔死狐悲，王鵬心裡也空落落的，似乎看到自己未來的樣子。他早就知道外面大環境不好，公司會裁員，也知道只要在公司裡待了三、五年，就能算資深員工了。但當裁員這把大刀眞的懸在自己頭上，那種不安感是如此強烈。

我在這裡還有前景發展嗎？如果離開公司，我還能去哪？

晚上，沒有人敢準時下班，一直等到九點多主管們都走了，大家才陸續準備離開。

就在這個時候，王鵬手機裡跳出一行訊息，是天藍傳給他的：「下班了，要不要去咖啡館坐坐？」

02 年齡不是價值，專業不是壁壘，公司不是家

半個小時後，按照天藍給的地址導航，王鵬穿過海龍和科貿大廈——這曾經是中國最大的電腦組裝市場，王鵬大一的第一臺電腦就是在這裡組裝的，現在電腦買賣早就沒落了，這裡變成了新創產業中心。但這幾年，自行創業的死亡率更高，大樓早失去了昔日的燈火輝煌。

再走五分鐘，王鵬路過一座教堂，在轉角處就看到了一個閃亮的燈牌，寫著「不上班咖啡館」，下面有一隻奇異的大眼睛。旁邊是一扇棕色木門。這裡竟還有咖啡館，王鵬從來沒留意過。

推開門後，天藍在裡面的卡座沙發向他招招手。她身穿藍色套裝，頭上繫一條白色絲巾，看上去心情不錯。她面前的那杯水一口都沒喝，應該也剛到不久。

大學畢業於中文系的天藍，目前任職於公司行銷部門。那一年校招，他們同一批被招進來。幾個同期大學生，一起進公司，一起挺過試用期，一起吃員工餐廳，建立起一種比普通同事更深的情誼。他們幾個人拉了一個群組，叫「私奔群」，因爲他們都喜歡鄭鈞唱的一首歌，叫〈私奔〉，歌詞唱出他們心聲：「我心中所求，是眞愛和自由。」

他們在群裡聊公司，說八卦，也聊夢想。王鵬是個技術宅，比較內向，不愛與人交際，朋友一直不多，後來結婚、買房、生子，都靠這群朋友一直幫忙張羅，所以他特別珍視這群朋友。不知不覺，他們已經認識九年了。

王鵬剛一坐下就問：「妳聽說公司裁員了嗎？我們部門上午剛裁掉五個人。」

天藍兩手一攤，指指自己鼻子：「聽說啦，我，我就被裁掉了。」

「啊？」王鵬有點不好意思，連忙說，「對不起，對不起，妳還好吧？」

天藍苦笑了一下：「沒事，還好。我其實早就不想繼續做了，只是下不了決心。這樣一來，公司還算是推了我一把，我也拿了點資遣費，cover 一年沒問題，就是還沒想好要做什麼，所以想找你來聊一聊。對了，博士，你呢，你怎麼樣？」

王鵬知道的多，也助人爲樂，所以朋友們遇到問題，都愛請教他。他歪歪頭，想了想說：「算是躲過一劫吧，不過，不知道下次有沒有這麼好運了。」

兩個人同時沉默下來，又都不說話了。

這時，一名體態稍胖的男子不知道什麼時候已經站在桌旁。他圍著紅格子工作圍裙，穿一件白T恤，手上端著兩杯熱咖啡，說：「歡迎光臨，我們咖啡館第一次來免費，這兩杯咖啡，送你們。」

王鵬正想，這大半夜的，咖啡就免了吧，天藍已經心直口快地連忙擺手：「老闆，這大晚上的，喝了咖啡睡不著。你這裡有啤酒嗎？」她又指指王鵬，「來你這買咖啡的，是不是都是這種工程師，要熬夜加班到凌晨的啊。」

「NoNoNo，妳說的是奪命咖啡。我這裡不賣奪命咖啡，只賣清醒咖啡。我這個咖啡沒有咖啡因，不會失眠，但可以提神。」胖子露出神祕的微笑，「因為，只有下班後，才是上班族最清醒的時刻。」

說著，胖子放下咖啡，竟在他們身邊坐下來，看來也是個自來熟。

「聽說這個園區幾間大公司都裁員了，你們是不是也被波及了？」胖子笑瞇瞇地問。

奇怪，難道他偷聽我們說話了？

天藍馬上接話：「是啊，怎麼了？」

胖子感嘆：「好事、好事，不是壞事。」

「我們被裁了，你還說是好事？」天藍生氣道，「老闆，我們都走了，你這裡沒人消費，也得關門。」

聽了這話，胖子也不生氣，「我是說，三十多歲遇到裁員，不是壞事。因爲每個三十多歲的人，都需要轉型。只不過有人主動，有人被動，但比一動不動好。」

這麼一說，王鵬倒是來了興趣。他一直隱隱約約覺得三十歲是個坎，但又不知道具體是什麼，今天胖子一說，他的好奇心又湧上來了。他揮了揮手示意天藍先別說話，對胖子說：「請你說說，爲什麼三十多歲要轉型？」

「到了三十多歲，年齡不是價值，專業不是壁壘，公司不是家。」胖子看了一眼兩個人，「先說年齡，出社會的頭五年，專業技能成長快，精力也充足，每年收入都穩定上升，所以我們容易誤認爲，收入和年齡會一起增長。但是等你工作了六、七年後，專業上的成長速度放慢了，體力也下降，沒辦法去賺那些用掉頭髮、熬夜換來的錢了。這個時候，收入的增幅速度也會減緩，這就叫『年齡不是價值』。」

老了，不值錢了。王鵬腦子裡突然冒出一個念頭。是什麼時候，第一次發現自己在變老的？是某次理髮師對他說：「先生，你的頭髮有點稀疏，我幫你抓個造型吧。」

怎麼可能！我才三十歲啊，當年可是密不透風的豐厚髮量啊。幾天後，王鵬在鏡子面前發現第一根白頭髮——不得不承認，真的變老了。那以後，他留了個平頭。

電影《歲月神偷》中說，歲月是最厲害的小偷。當這個小偷被抓包後，他不但不走，還升級變成強盜，肆無忌憚地開始四處亂翻：自第一根白頭髮以後，變老的跡象越來越明顯，比如熬夜以後，已經無法像過去那樣在早上八點準時醒來，繼續上班。週日下午打球擦傷的膝蓋，要花上一週才能慢慢癒合。

王鵬看了一眼天藍，她雖然不說，但女人對年齡的流逝，應該比他更敏感吧。

「然後是『專業不是壁壘』，」胖子接著說，「你現在是工程師，雖然專業程度高，但很多程式都是複製貼上的事情，行業壁壘越來越低。」

聽到有人侮辱自己的專業，王鵬忍受不了，立即反駁：「老闆，你煮咖啡可能不需要什麼專業，但寫程式是很專門的學問，從學習一門程式語言到熟練，需要好幾年的時間，是一行行程式碼餵出來的。這需要長時間的經驗、不斷學習，這才是一個資深工程師有所價值的地方。」

「寫程式當然需要專業，但是壁壘的確越來越低，這點你總承認吧？」胖子不慌不忙回應，「所謂專業，本質其實是『資訊差』，沖一杯即溶咖啡當然沒什麼專業度可言。但一杯好咖啡，從產地、選豆到烘焙程度、碾磨的粗細度、方法，再到不同的水溫、萃取方式、杯子溫度，甚至到不同的飲用場合，都有微妙的差異，這些資訊差累積起來，就是專業咖啡師和沖杯即溶咖啡的區別。如果爲了提神，這兩者的確沒什麼區別；如果爲了體驗，這裡頭就需要很多的專業知識。專業壁壘不取決於我做了多久，而是我鑽研得有多深。**如果一個人每天泡即溶咖啡，即使泡十年，也並不一定代表他有專業壁壘。**」

胖子又把話題拉回到程式設計上：「過去幾年，你自己想想，有多少時間在做重複的工作內容，花多少時間在打破資訊差？你手頭的專案裡，具技術難關的有多少？一旦新的語言出現，我們要從頭學習，一個年輕人若有人教導，大概不花多久就能替代你了吧？這就是專業壁壘的消失。

除此之外，還有技術的進步。過去咖啡師需要自己烘焙咖啡豆，自己手磨咖啡，現在只靠機器就能做到，咖啡領域的專業壁壘也在消失。我相信ＡＩ也正在你們後面追趕，未來十年，或者只要五年，程式設計就會像英語一樣——人人都會一點。只有少數派的高手才能存活。」

天藍竟也點頭表示贊同：「說到ＡＩ，眞的對各行各業衝擊很大。我們學校西語系的同學也很茫然。過去要花兩、三天的翻譯工作，現在機器十五秒就能翻譯出來，而且水準還不差。她說，現在只有接文學翻譯和商務合約翻譯的還有點活路。一般的翻譯，基本沒戲唱了。」

「肯學、肯做事的新人越來越多，ＡＩ又越來越聰明，這都在衝擊專業壁壘。我說專業不是壁壘，不是說你能力不行，而是說你的**收入不由你的能力決定，而是由願意最低價出售自己能力的人決定**。」

王鵬想起讀過的一段歷史：第一次工業革命的時候，因爲技術飛躍式進步，操作機器並不複雜，工人經過簡單培訓就能上手。結果在英國，童工竟然變成了就業主力——他們聽話、好管理，更不會像成年人一樣聚眾鬧事，而且薪水很低。結果，這些童工把自己父母的飯碗也搶走了。一個工人家庭往往不是靠父母，而是靠孩子養活，你能想像嗎？最後，英國政府實在看不下去，終於推行法律禁止了童工。

這不就是企業今天的狀況嗎？很多企業一旦研發出技術流程，就大量招聘實習生或年輕人，他們更聰明，又站在很高的起點上，CP值的確高。而且，他們還年輕，願意用更長時間等待一個好機會。

他嘆了一口氣，搖了搖頭，算是認同了「專業不是壁壘」。

「**公司不是家**，這個我已經體會到了。」天藍搶著說，「剛開始接到通知，我也很沮喪。但是現在，我也冷靜下來了，也能理解。公司面臨競爭的壓力，技術和成本的擠壓，他們也需要活下去。公司不裁掉我們，就換公司要倒了。」

胖子點頭說：「是的，家是一輩子的。中國的公司平均年齡才二．九七年。有人統計過世界五百強的平均壽命，也就只有四十年，最近還在變得更短。而你的工作時間，至少有個三、四十年。一個人一輩子換六到七家公司，很正常。公司沒辦法成爲家。」

「年齡不是價值，專業不是壁壘，公司不是家。」胖子重複了一遍，「這才是困住你的原因——你心裡隱隱知道這條路很快就要到盡頭，後面眼睜睜有人追上來，但是自己又找不到出路，不是嗎？很多人瘋狂地加班，只是爲了掩飾心裡的焦慮。你拚命提高自己的產能，心裡卻知道這個也無效，但暫時用眼前的事務把自己的焦慮填滿，就不用面對未來的黑洞。盲眼狂奔，是三十歲的危機。與其終日警惕，不如辨別問題。所以我說，**我不賣奪命咖啡，只賣清醒咖啡。」**

胖子的話又準又疼，打在王鵬最隱隱作痛的軟肋。這人看問題深入本質，話很傷人，但並不站在資本家一邊。想到這裡，王鵬對胖子生出一份尊敬。他雖然不愛與人交談，但敬畏專業，一旦有人真的講得有道理，不管那個人是誰，他都聽得進去。

「但，這該怎麼辦呢？」王鵬自豪的年資、專業技能和公司地位突然都被擊倒，他覺得自己似乎赤裸裸地走在大街上。

「當然有辦法。每個三十多歲的人，都面臨六條出路。」

30+的六條新出路 03

「首先，我們要先接受一個事實，對大部分職業來說，三十到四十歲就是薪水最高的階段。不僅是我們，全球所有上班族都差不多。社會學家稱這段年齡爲「黃金期」(Golden Age)，大多數已開發國家，美、加、日、英、德、法，黃金期都在三十五到五十歲。而經濟增長快的開發中國家，比如中國、印度的上班族黃金期則落在三十到四十五歲之間。」

「唉，我們比人家早五年開始衰退，快速發展，眞的耗費龐大。」天藍皺皺眉說。

「不過，不同行業，黃金期不太一樣。比如運動員，黃金期是十八至二十四歲，而公立醫院的醫生通常要熬到四十至五十歲才能抵達收入巔峰。像你們工程師，恰恰是比較早經歷黃金期的一群。」

三十五歲危機

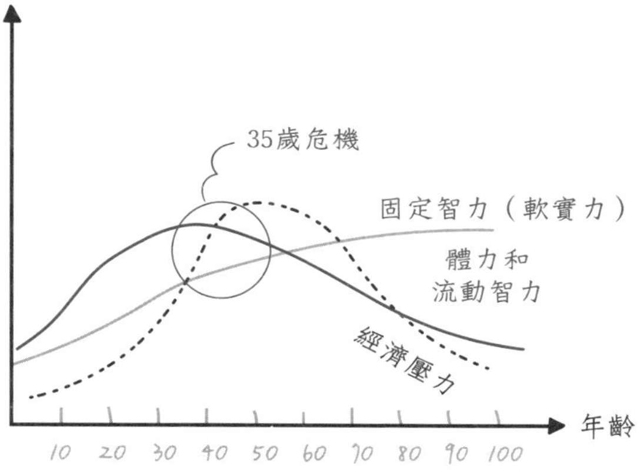

「也就是說，三十五歲是我這輩子薪水最高的一年了？憑什麼啊？」王鵬好像被戳中了某種痛點。

胖子隨手拿起一張餐巾紙，開始畫圖講解。他先畫一根橫軸代表年齡，縱向畫出三條曲線，分別是體力、流動智力、固定智力，以及經濟壓力。

「你先看這條棕色的線，這代表體力和流動智力，體力好理解，流動智力包括了記憶力、反應能力等，就等同於大腦的硬體，也就是你的硬體能力。這些能力會在三十歲時達到巔峰，然後逐漸下降……」

「我有定期運動啊，狀態一直維持得不錯。」王鵬有點不服氣。

「運動只能維持和減緩，不能完全阻止身體機能退化。這就是你容易累的原因。再看這條黑色虛線，賺錢能力一下降，你的經濟壓力卻就上升了。三十歲前，你單身，一人吃飽、全家不餓，經濟上無憂無慮。現在你應該結婚了吧。哦，還有個兩歲的孩子？恭喜、恭喜，養小孩可是燒錢第一名。你上有老、下有小，體力已十分有限，還要挪出時間和精力照顧家庭，對工作的投入自然減少，這下經濟壓力則又更大了。所以，在三十到四十歲期間，體力下降，角色分散，經濟壓力飆升，憑你那點技術含量怎麼可能撐得住？這就是很多人所謂的『三十五歲危機』。但實際上，危機從三十歲就開始了。」

「的確是這樣，那該怎麼辦呢？」痛點全被說中，王鵬這下有點著急了。他一直以爲只要更加努力，就能撐過這個階段，但現在發現，三十五歲危機似乎是個客觀事實。

「是啊，怎麼辦呢？我也開始變醜、逐漸容貌焦慮，要談戀愛都沒那麼好找對象了。同部門的姐姐們還要拚生子，怕成爲高齡產婦，我們女人的處境又更難了。」天藍至今單身一人，還好她是頂客族，生育對她倒不是困擾。

「別急、別急，有辦法。你看這條灰線，它象徵固定智力，代表你對語言、社會、環境、常識的理解能力，白話來說就是『你有多會做人』，也就是軟實力。這條線會隨著年齡逐漸增加，一直到七十五歲才停止。」

胖子朝王鵬擠眉弄眼，「當然，這前提是要你的腦力和體力持續活動，打麻將、跳廣場舞都很有幫助的。

回歸到職場，隨著固定智力提升，你對於行業、技術、組織、爲人處世的整體理解能力會持續上升，這種能力是年輕人無法取代的。公司不放心把複雜的專案給年輕人，因爲他們相對比較毛躁，對整體性的理解不夠透徹，看事情的角度也容易偏頗或過於單一，這正是軟實力展現競爭力的地方。」

政治上也是一樣，王鵬看過一篇報導。近年來各國領導人的年齡都有上升趨勢，因爲局勢越不穩定，就越需要經驗和智慧。這段時間他關注的某超級大國大選選情，就是兩個高齡老頭在「吵架」。

「軟實力上升的另個好處，是人脈的拓展。人脈是長期的累積，無法一蹴而就。一位關鍵時刻願意伸出援手的貴人，一群並肩打過幾場大仗的夥伴，這些關係與交情可不是新人能替代的。隨著軟實力提升，人脈網也變得更牢固，這也是超過三十歲以後會持續增值的事物。」

胖子突然轉換話題，問他們：「對了，你們炒股嗎？」

「我有小玩一下。」天藍接話。

「如果體力、腦力、人際關係各自是一支股票，你們會怎麼配置投資呢？」

「……我們應該盡快減持體力股，改買更多經驗和社交股？」天藍遲疑地答。

「沒錯，」胖子說，「要麼是提升專業能力，讓自己的每個小時更升值。要麼轉做管理，能用他人的時間創造價值，甚至自己創業。或者，換條跑道，把過去經驗應用在新的領域……我寫下來吧。」

說著，胖子翻過餐巾紙，寫下六條出路：

1. **專業線**：成為該領域的內專家
2. **管理線**：在組織中成為管理者
3. **轉型線**：帶著累積的經驗轉投去新行業、職位，進入公家機關
4. **平衡線**：先以家庭為重心，先渡過經濟壓力期再尋求自由
5. **自由職業線**：根據自己的熱情，發展獨立職涯

6. 創業線：創辦一家自己的公司

「這就是30＋的六條新出路，這些路徑，都能幫你繞過黃金期的陷阱。」胖子說。

天藍看著這六條路，不假思索地說：「那我想試試看自由職業這條路，被管了這麼多年，我也煩了，也不想升上去後還要管人，心累。我是中文系畢業的，當年做品牌和運營也是想延續自己的文學夢，對行銷其實也說不上感興趣。上班這麼多年，我現在就只想要自由。」

她回頭看看王鵬，後者還在沉思。他在北京有家，有孩子，還有房貸。創業和自由職業都風險太高，首先得排除。他太太現在進了國營事業，工作壓力小很多，正處在平衡線上。所以留給王鵬的，只剩專業、管理和轉型三條路。

該怎麼走呢？他一時沒有結論。

「不著急，這種事沒辦法一下子想清楚的。你們拿張打折卡吧，記得常來。」胖子說完就轉身繼續忙了。

王鵬和天藍則繼續聊天，他們一起回憶著剛入職時候的趣事、公司的變化、同事的來來去去，感嘆這些年的心境轉變，一直聊到十一點多，才不捨地各自搭計程車回家。

車到了。天藍拉開車門，打趣道：「博士，我走啦，你可千萬要好好做，努力做到高層啊，我要是混不好就回來在你手下混口飯吃了。」

王鵬憨笑了一下，什麼也沒說。過了好一會兒，他傳了一則訊息給天藍：「一路順風，做妳自己啊，仙兒。」

04 自由職業之路並不自由

仙兒是誰？

仙兒就是天藍。她是文藝女青年，身心靈愛好者，神祕學布道者。和她在一起，永遠都有驚喜，一會兒幫你算塔羅，一會兒帶你參加驚恐劇本殺。有一次王鵬在餐廳遇到她，看她眼睛哭得通紅，過去一問，她先是掉下幾滴眼淚，讓王鵬這個I人尷尬得腳趾蜷曲。哭了好一會兒後，她抬頭說，鋼鐵人死了。

她無拘無束，仙氣十足，所以朋友叫她仙兒，又名天仙。現在，仙兒決定直奔自由職業之路。

其實，如果不是遇到那麼難得的校招機會，天藍根本不會進科技公司的。她的理想工作，一直希望是和文字相關：她喜歡三毛、柴靜和卡爾維諾。在學校裡，她是校刊的主編、詩歌和話劇社的頭號粉絲；週末，她窩在北京大大小小的咖啡館讀書。一個人的晚上，她不是在家寫作，就是追韓劇，想到過去談過的某段戀情，哭得死去活來，但看到開心之處，又沒心沒肺地大笑起來。她是個自由的人，不想受約束，自由職業對別人來說是風險，對她來說是小魚歸海——徹底自由了。

而對自由工作者之路，天藍可謂信心滿滿。工作這些年，她在品牌和運營方面都累積了不少成功案例，也認識了不少千萬粉絲的KOL。幫別人都能成功，自己爲何不行呢？再說，自己做了這麼久的運營，交了不少朋友。也天天被誇厲害，還說只要自己開了課一定會支持。這都是我的天使投資者啊，就差沒推出商品而已了——錢的問題都不是問題，輕輕鬆鬆！

仔細想想，天藍發現自己好像什麼都能做，那具體該從哪開始呢？她一下子就卡住了。不過天藍可不是會把自己嚇倒的人！她眼珠一轉，沒方向更好！乾脆先出去逛一圈，逛著逛著，靈感就來啦。天藍想著，立刻把行李放在朋友家，買了去雲南大理市的機票。

天藍來到大理，在古城住了一星期後，就搬去了旁邊的下關。她發現，古城好比北京的王府井，都是遊客。眞正旅居的人，都住在北邊的下關和喜洲。五月是大理最舒服的日子，氣溫不高不低，上午天晴個幾小時，下午就有一場雨。

天藍在這裡變成了真正的仙兒，早起出門吃一頓小鍋米線，然後沿著洱海騎車，相隔幾十公尺就是一個咖啡館，隨便走進去一個，偶遇幾個悠悠哉哉的人，摸摸門口曬太陽的貓。白天對著綠汪汪的洱海發呆，抬頭看見太陽照在蒼山的雪頂上。拿本書隨手翻翻，一天就這麼過去了。窗外日光彈指過，席間花影坐前移。這種生活，實在是太逍遙了。

好日子總是飛快。一天夜裡，天藍看到洱海上星星點點，像滿天星辰。一問才知道，那都是漁燈。白族漁民每年休漁半年，直到七月才開始下海捕魚。這一天船會點上漁燈，當地人叫作「開海」。天藍一算日子，已經來這裡快兩個月了。自由職業的「自由」是享受夠了，但「職業」還一個字沒動。人越來越胖，錢包越來越瘦，天藍決定開始賺外快了。

又回到那個問題，我該做點什麼呢？

天藍想到的是：經營一個社群媒體帳號，開一門課，出一本書。

說做就做，天藍閉關二十多天，錄製了課程，傳給她的天使投資者。卻發現，真願意花錢買的沒有幾個人。是課程內容不扎實嗎？她又重新審視課程首頁，更新了部分內容，但還是只有十多個人購買。

最後，還是某個耿直的前同事告訴了她實情：過去她在大公司的平臺做運營，和她打好關係，能知道平臺的規則、動態，甚至還有機會拿到免費資源，大家自然捧著她。而且平臺運營使用者，能獲取很多免費服務，關係越好，自然獲益越多，大家也樂於維護關係。

這個同事還勸她：「他們也不是世故，大家壓力都很大，每一分錢都要精打細算，實在沒有額外資源可以拿出來幫忙啊。」

如果課程沒人買，那就出書試試看吧？

天藍在一堆不同價位的出版寫作課程中挑選，最終報了一門完訓後能與編輯接洽的課程。編輯提供了一份出版策劃表，在「作者介紹」一欄下面，就是「影響力」，要求提供她全網路平臺的帳號粉絲數和會獲得的榮譽獎項，如果沒有，就需要妳自購三千本。她本來還指望靠出版帶動名氣，結果編輯們反倒還都指望妳用名氣帶動銷量呢。

繼續往下塡寫，「目標讀者」和「書寫目的」她更是無從下手了——如果寫實用工具書，連課都賣不出去，書誰會買呢？如果只寫自己的故事，又有誰看呢？

要不，試試看經營自媒體帳號吧，畢竟自己的文字底子還在。

當下正好身處大理，天藍想試試看經營一個旅遊帳號，她先發了一則貼文試水溫：

「三十歲單身知名科技公司運營，走上自由不歸路」。這篇發文倒是獲得不少點擊率，增加了好幾百個粉絲，但接下來天藍發的旅遊帖子卻響應寥寥。倒是有幾個私訊詢問大理的住宿問題。天藍也不懂，努力幫查找資料，結果對方還已讀不回了。忙碌了五小時做出的內容，卻只有幾十人觀看，看來旅遊KOL這條路，也走不通。

那……既然自己的興趣愛好是讀書，是不是可以經營讀書帳呢？但一搜尋關鍵字後，可把天藍嚇壞了。這個領域投入者衆多，比公司內部競爭得還要厲害。有人每天早起爲粉絲讀書，有人每天直播賣書八小時，有人自己寫腳本、錄影、剪輯、後製一條龍，還有無數人「萬字講透一本書」……入行門檻太低，根本看不出什麼勝算，這條路，也不好走啊。

這樣一來，又過去了兩個月，四次嘗試全都失敗。在九月底的某一天，天藍在離職員工群組裡發出感嘆：「過去覺得自己無比強大，但眞的離開了平臺，才知道什麼是自己的能力，什麼是平臺的能力。你們還在公司的，好好珍惜吧。」

下面馬上有一群人附和著「＋1」。其中一位前同事現在開了品牌顧問公司，還私訊邀請她加入，但天藍早已厭倦行銷工作，自己離開體系就是想做眞正喜歡的事，便謝絕了。

長這麼大，天藍第一次陷入沒有目標的狀態。自由職業之路倒眞的是自由，做什麼都行，但隨之而來的是迷茫和焦慮。沒有方向、沒有目標、沒有策略，ＯＫＲ（目標與關鍵成果）更是無從談起……似乎做什麼好像都有點用，但是做什麼也似乎都有沒結果，繞了一圈下來，還是在原地打轉。那感覺像在爬網兜，怎麼用力都無法發力。

最煩人的是，一個人作戰很孤獨，連個可以商量的人都沒有。天藍第一次覺得，自由的滋味也並不好受。

唉，要是還在北京，有空能和博士、胖子他們聊聊，該多好。

05 你是哪一種工匠？

胖子有沒有空不確定，但博士肯定是沒空和她聊天的，因為王鵬自己也焦頭爛額。

那天晚上聽完胖子講的六條出路，王鵬心裡其實已有答案，自己更偏向技術線。但他也知道，這條路並不好走。正如胖子說的，到了三十五歲以後，體力變差，加上技術變化，如果沒有更突出的成果，公司會找機會把你換掉。

但管理這條路更讓他猶豫，他性格內向，不愛求人，更不愛要求人。前兩年主管要他帶一個小型專案，他還撂了句狠話：「我寧願對著一臺機器加班熬夜，也不願意面對一個人誇誇其談一小時。」話說到這個份上，主管也就另請高明了。

那是不是可以考慮轉型？身邊有人去做了產品經理，有人做了前端工程師，做得好了收入提高，做得不好，就連技術也丟了，可就什麼都沒了。

還是技術好啊。面對電腦，敲出來的每一行程式碼，都是有確定價値的。

王鵬試著和同事聊起這件事，卻收到一堆反對意見。有人說：「升上管理職收入也沒增加多少，反而要背更大的責任。尤其是專案經理，做得好是老闆指導有方，搞砸了全要你來背黑鍋，簡直裡外不是人。」

他回家和太太討論，太太想了想說：「無論你選什麼，我都支持。但你可要想好了，我在這間公司見得太多了，原本關係不錯的同事，一旦有人升官，關係就變調了。本來在一個群組裡一起罵老闆，現在別人還會創第二個群組，一起罵你。」

還有人說：「老王，現在這個情況，你就繼續苟著做個小金磚吧。小就是別升職，金磚就是精專專業，其他別卻碰，盡量別犯錯。等眞的被資遣了，我們就找個下家繼續做。實在做不下去了，回老家找個國營事業缺不就好了？」

但王鵬還是想試試看。那天胖子將三條路線講得明明白白，而他也不是坐以待斃的人。而且除了個人職涯發展，另一個理由則更眞實——他很需要錢。

工作前幾年，他是個快樂單身漢，從未爲錢發愁過。結婚生子以後，負擔卻一下子重了起來。

一次王鵬人在西安出差，房東突然打電話給他，說房子要賣了，押金全退，但要求他一週內搬出去。王鵬當下回不去，還是靠天藍他們幫的忙。兩天後進了新家的門，看見太太在新房間，抱著兩歲孩子收拾家當的畫面，他終生難忘。太太沒有埋怨，但他自己卻先受不了，從那天開始，他下定決心要買房，也背了房貸。今天一算，他還需要維持這個收入水準至少二十五年。而普通的工程師之路，走不了那麼遠。

該怎麼選呢？一星期後的晚上，王鵬又去了不上班咖啡館。

「你的確是個眞男人，」胖子很佩服王鵬的擔當，「不過該怎麼選擇，現在其實是個僞命題。」

「這麼說好了，我問你：如果你今天要出遠門，眼前突然出現一名神仙，讓你從三個寶物中擇一，一個是日行千里的汗血寶馬，一個是最名貴的雙峰白駱駝，一個是一條經過嚴格訓練的牧羊犬，你會怎麼選？」

王鵬想了一會兒說：「我選汗血寶馬。」王鵬一直喜歡金庸小說裡的郭靖，他就有一匹汗血寶馬。

胖子搖搖頭：「錯了，答案是，你得要先知道自己的目的是哪裡。如果你要去沙漠，就選擇駱駝；要去森林，牧羊犬就不錯；如果要去草原，當然要選汗血寶馬。所以，選擇要先搞清楚目標和選項，才有的選。現在，你除了了解技術之外，對其他幾個選項都一無所知。」

「怎麼可能？我剛說的這些案例，都是我親眼看到的，就是我身邊發生的事。」王鵬不服氣。

胖子眼珠子一轉，又搖搖頭，「現在狀況反而更糟了，你其實對這些選擇都充滿了偏見。專攻技術的人很容易有個毛病，就是覺得除了專業技術，其他工作都低人一等。說好聽點是『技術崇拜』；說不好聽的，就叫『專業陷阱』。比如說，你是不是覺得業務都性格外向，除了需要極力討好客戶，還覺得他們眼裡只在乎錢和業績，挺不入流的？」

王鵬抿抿嘴不說話，卻默認了當業務的不就是這樣嗎？

「至於人事管理，你是不是覺得管理層說話都不中聽，只需要每天開會、做簡報，閒閒沒事，不懂技術還亂下指導棋。你看，你看，被我說中了吧。你抱著這種心態作出的選擇，根本不算數。充其量只是爲了錢逃跑到其他地方而已，根本無法將事情做好。職業選擇的原則是，要追不要逃。」

「但我說的是事實，」王鵬反駁，「我們公司的所有產品，哪個不是我們工程師一行行敲出來的。業務只需要動動嘴皮子，產品經理只要規劃出方案唬爛客戶，專案經理分配工作，什麼也沒創造。」

王鵬做了一個敲確認鍵的手勢，「而且，技術很美的。你知道當我們寫一個程式寫到大半夜，經多次除錯，最後按下確認鍵，結果完美返回那一瞬間，有多爽？這種成就感，沒有接觸過的人是難以理解的。」

「這大概和我修車修了一下午，最後引擎終於發動的感覺差不多？」胖子點頭，「技術當然很美，但不是唯一的美，更不是唯一的價值。你想過沒有，你每個月的薪水，是靠誰發的？本質來說，是業務端找到了客戶，由他出錢發的。你是怎麼進入這家公司？現在坐著的座位、辦公室和網路，是誰提供的？是人資和行政人員。你的工作，又是誰分配的？誰來打考績？有了衝突誰來協調？最後是誰保證公平發薪？是你的專案經理。公司有了這些人，才能共同創造價值。否則你所創造的就只是一堆零散的程式碼而已。所以，我猜測他們某些人的薪水往往還比你高。」

王鵬顯然被最後一句話戳中了痛點，「沒錯，這不公平。」

企業價值鏈

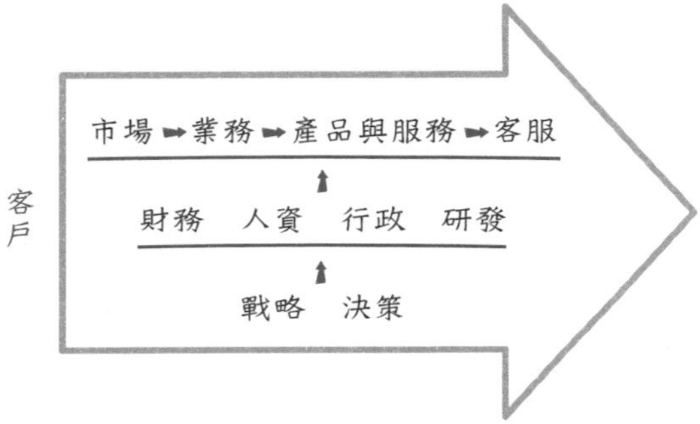

胖子拿起一張餐巾紙，拉出一條線，分別寫上：市場、業務、產品與服務、客服，又在下方寫上：財務、人資、行政、研發，最後在左邊寫上：客戶。

「想賺更多的錢，首先要了解基本的商業邏輯，才會知道錢從哪裡來。」

「這是一條典型的企業價值鏈。公司決策者透過戰略分析，找到目標客戶，決定開發這個市場，先接觸潛在客戶，透過業務部門分析客戶需求，達成交易；產品經理根據他們的需求，把方案細化成具體專案；專案經理把專案內容拆分成每天你們要做的事，然後由你負責實際執行。等到結案以後，客戶若遇到麻煩，還需要客服協助處理。這樣，你寫的程式，才能真正融入客戶的業務，被實際運用且發揮價值。至於這個價值，客戶則會分配給你們一部分，這就是公司的收入。

財務收到款項後會計算薪酬，按當初核薪條件分配給每個人。人手不夠，HR需要負責招聘合適人才——如果這個人無法勝任，他們還得負責培訓或更換；而行政部門則提供了基本的辦公支援服務。

整個價值鏈的每個環節，都在增加產值，疊加在一起後，就創造了公司的收益和你的薪水。鏈條上的每個環節都缺一不可。」

看著這條完整的價值鏈，王鵬第一次眞切地理解自己的薪水是怎麼來的。他日常只想著做好分配的任務，拿到自己那份薪水，從來沒仔細思考過其他部門的工作內容。他點頭認同了胖子，自己以前的確有點偏激了，每個環節都有其價值存在。

「而且，過度追求專業，不僅不會增加整體價值，有時候反而會是障礙！」

「不可能吧，把手頭的工作做到盡善盡美，怎麼可能會降低整體價值呢？」王鵬是工匠精神的推崇者，這個論點，王鵬絕不接受。他一直堅信，就是因爲有些人缺乏工匠精神，市場上才會流通這麼多粗製濫造的產品。

胖子說：「你聽過這個故事嗎？有三個石匠同時在修建教堂。有人問他們，你們爲什麼工作？第一個石匠看向天空，說：『我要建造一座最美的教堂。』第二個石匠說：『我要雕刻出最精美的花紋。』第三個石匠說：『養家糊口，哪個工作不是這樣。』你說，這三個石匠，哪個最好？」

「第一個和第二個心態都不錯，第三個的心態比較消極。不過，我們身邊好像大多數是這種人。」王鵬說。

「是的，我們常常歌頌第一個工匠，因爲他有熱情和願景。也時常會批評第三個工匠，說他就是混口飯吃，沒有工匠精神。但如果你是教堂建造者，你的觀點就會大不相同。第一個工匠當然好，但這種人不好找啊。第三個工匠，才是大多數的普通人，只要管理得當，錢給到位，並沒有什麼危害。而眞正要留意的，反而可能是第二個工匠，因爲他只關心自己的技術，只在乎有沒有雕出最美的花紋。而事實上，可能他雕的那塊石頭，根本不是重點，也許當下工期最關鍵的，是搭建支柱。」

「……我還眞的沒想過可以從這種角度切入。」王鵬想起很多以前和主管的衝突，就是出在他喜歡在一些細節上鑽牛角尖，認爲那是技術之美。而主管總告訴他，「先完成重要的事」，那才是重點。他那個時候總是抱怨主管不懂專業。

「這個論點可不是我提出的，這是管理大師彼得．杜拉克的比喻。他想用這個故事說明，第一個工匠可遇不可求，可以成爲領導者。第三個工匠是占多數的普通人，但加上好的管理者，也可以成就非凡。至於第二個工匠，他所抱持的這種狹隘專業主義，往往最需要警惕。」

「我竟然可能是那個最大的障礙？」王鵬不敢置信地喃喃自語，他堅持多年的信念受到了嚴重衝擊。但換個角度細想，這個道理似乎也符合邏輯，只是他還需要更多時間消化。

王鵬抬頭看向天花板，無意中看見胖子的置物櫃，擺滿了各種器具、十多種咖啡機和各種香料，不同的玻璃罐子裡裝了不同的咖啡豆……

「老闆，你說不能只埋頭鑽研雕花，但看來你在研發新咖啡上可花了不少時間啊，這樣能賺錢嗎？」

胖子尷尬地撓撓頭：「這……唉，沒辦法，誰能拒絕創作出一杯好咖啡呢？我好像也不是最佳工匠的料。」

「哈哈哈，精進技術真的很迷人，很過癮吧。」王鵬被他逗笑起來，心裡暢快多了。

「那，正確的工匠精神到底是什麼呢？」笑過以後，王鵬又問胖子。

「工匠的成長之路有兩條：一條是成為有遠見的第一工匠，引導並帶動更多工匠一起工作，成為領導者。一條是具備精進手藝的第二工匠，同時也要學會看懂全局藍圖。這樣就能成為超越專業，蓋起教堂的人。」胖子說，「這也許就是你要走的路。」

王鵬還是在發呆，胖子拍拍他的肩膀，遞過來一杯新泡好的咖啡。

「今晚這杯咖啡叫『送你一顆子彈』，這杯後勁可是有點大的。關於技術的作用和價值，我說的只是自己的觀點，你應該去親身體驗每個價值鏈環節的運作。當你看到宏偉的大教堂藍圖，雕出完美花紋的執念就會消失。當我們看到完整的價值鏈，很多的執著也會隨之消失。記住，阻擋自己的通常不是外面的路，而是思維裡的牆。放下成見，人間處處是生機。」

06 技術人才的成長之路：從技術到藝術

當天夜裡，王鵬果然失眠了。不是焦慮，而是興奮。第二天早上，他列了一份名單，打算沿著價值鏈，逐一向不同環節上的人請教。

第一位約出來的是公司的金牌業務，他爽快地答應在公司樓下見面。出乎意料的是，這位金牌業務並不是王鵬印象裡衣著光鮮、能言善辯的樣子，而是一個很安靜的人。

他仔細聽了王鵬的來意後，詳細問了幾個問題，才說出自己的看法：「業務不一定非得要性格外向，我就是個內向的人。像我們這種負責大客戶的業務，主要與企業採購接洽，大公司審核流程也長，靠的也不是衝動消費。而且老闆、管理層、員工，各有需求，又難以明確表達。所以我能做的，就是理解他們的需求，幫他們彙整清楚後，擬訂合適的方案。只要方案可靠，通常就能成交。其實，我也是工程師出身的。雖然不是頂尖，但在業務領域，懂技術是我最大的優勢，所以我的成交率很高。作爲業務，你的核心是傾聽、理解別人的需求，策劃出基礎方案。」

這位前同事講話條理清晰，直擊重點，讓人覺得很舒服，一點都沒有壓迫感。內向的人也能成爲銷售高手，也許我也行。王鵬想。

第二個約出來聊聊的是產品經理，他說：「我這個職位的主要工作，是進一步細化客戶方案，保證技術上的可行性，還要能實現。很多時候客戶的想法不切實際，但你又不能直接否定他的需求，而是要幫他策劃更省錢、更可靠的技術方案。方案敲定後，我負責把這套方案，翻譯成技術語言，講給專案經理聽。要成爲優秀的產品經理，你得學會收集和分析需求，讓客戶認爲你的方案是最優解。所以，具工程師背景是很加分的，因爲你們自己做過，會更懂如何與技術團隊溝通。」

王鵬想，哈哈，這不正是自己平時替朋友出主意的過程嗎？我也許也可以是個優秀的產品經理。

接下來，他和專案經理，也就是自己的直屬主管強哥聊了聊。強哥是資深工程師出身，他技術扎實、待人公平，大家都很服他。

在吃飯的時候，王鵬問他：「強哥，當年你爲什麼轉職啊？」

「爲什麼要轉職？說白了，首先是續命，你也知道，單純寫程式就像做工一樣，年齡一到體力就眞的不行了，公司也嫌你貴。但學做專案管理，就相當於包工頭，專業技術加管理技能，收入也就高些，而且包工頭出也路多。萬一大公司不行了，要去小公司、國營事業，但他們又給不了技術職位太高的薪水，你好歹得撈個管理職，收入才能打平。」王鵬點點頭，果然還是得問主管，自己要入的坑，他已經都踩過一遍了。

「對了，我們的行情也不比國外，每個國家國情不同，國外的工程師一路做到五十歲的也很受尊敬。如果在我們這裡，你到了四十多歲，還要被一個剛畢業的大學生管，心裡恐怕也不是個滋味。」

「但管理職不會有人際衝突嗎？而且要背的責任也大，我又特別不擅長和人打交道。」王鵬說出自己的擔心。

「責任大，所以薪水才高啊。要賺這個錢，就得擔這個責，就得培養這個能力。其實，專案管理也是一種技術，一百多年來被琢磨得很徹底了，自有一套流程可依循，和多學門程式語言其實沒什麼區別。再說了，其實技術人員管理起來不怎麼費心，頂多在寫程式碼時找點小麻煩。我就看破不說破，技術上多幫襯，主要是做人實在點就好。」

「但我只要一和人交談就開始內耗，帶人眞的好難。」

強哥接著說：「我當時也一樣。不過走過這段路後，我想通了。我並非不愛和人溝通，是害怕不確定性。搬磚頭多踏實啊，放一塊就是一塊，安全性又高。但安全卻無法和價值畫上等號。管理職的確變數多，但是位高權重。你得知道整體需求是什麼，這些磚頭該放到哪，什麼時候要放，這棟房子整體要蓋成什麼模樣，是誰要住。然後，你還要分配工作，驗貨，保證品質。而且，當你眞的帶領大家完成成一件事，和產品經理、業務一起幫忙一家公司，看著他們用你的產品，然後拿獎金分紅，可比寫程式有成就感！」

「反正我認為，」強哥扒完最後一口飯，「人出來混總得吃苦，不吃成長的苦，就吃委屈的苦。那不如主動向前衝。再說，技術這條路上，你也該關注一下我們這行的指標人物。我跟他是同一年進公司的，不過他比我靜得下心，一直鑽研精進技術，現在都是行業大佬了。」他說著，把大佬的社群帳號分享給王鵬。

王鵬對此人有所耳聞。他是個天才工程師，很年輕就靠寫了產品再迅速賣掉的方式賺了第一桶金。他加入這家公司，是因為想用技術改變世界。業餘時間，他經常在技術論壇裡發言，一方面是爲了提高自己的知名度，另一方面也希望幫助新一代的技術人才。很巧，這個週末他就有一場「程式設計的技術與藝術」的公開演講。

在這場演講上，這位大佬正在分享技術人員的晉升之路：「工程師—系統分析師—架構師—技術經理—CTO，這是一般工程師的成長之路。不僅是工程師，也是大部分的專業轉職路徑。一開始寫小模組，然後理解系統，接著搭建體系，最後構建一個完整的系統。

我們不是常說，程式設計是搬磚頭嗎？技術人員的成長之路就從這裡開始。磚頭搬久了，就會想蓋房子，這就是架構師。等蓋房子的技術純熟了，就會想蓋個社區，這就是技術經理。最後，你總會想設計個大教堂，這就是CTO。

不過我想強調的是，雖然我們專業人員不擅長溝通，但每前進一步，你都需要和更多的人溝通。

要蓋一棟房，你總得知道，哪要進門，哪要開窗，這些都需要你去溝通；你能用多少人、多少塊磚、多少時間，這需要你內部協調。如果是規劃社區，那麼還要考慮車道、人流、綠化地帶……改變越多，溝通的層面越廣。不和人打交道，技術就無法進步。

「這也是專業人成長的三個階段：Know Why——知道為什麼做，Know How——

知道如何做，Know Whom——知道為誰做。」

王鵬想。

這聽起來有點像《一代宗師》裡面講功夫的三個境界：見自己，見天地，見眾生。

「古希臘人說，人是萬物的尺度。人也是技術的尺度。只有當你的眼光從眼前的技術，移到整個價值產業鏈上，最後直接落到一個個具體服務的對象時，手中的技術才會真正變成改造世界的利劍。」說這話的時候，這位大佬的眼睛閃閃發光。

啊，這和胖子說得一樣。走通價值鏈的每一環節，才能知道技術的價值。

他繼續說：「講到這裡，都還是科學層面。當我們達到這個階段，要蓋個社區、搭建資料團隊已經沒問題了。但是要設計教堂，我們就需要從科學走向藝術。」

大佬換了下一張簡報：「一座教堂的外部裝飾，每十年就要翻新。內部的動線設計、桌椅擺放，每二十年也需要重新配置。但教堂的結構、承重、採光，則可能要歷經好幾代人才能建成，以後可能幾百年都不會再變。該如何設計出這種歷經數百年依然存在的作品呢？你已經無法透過僅和幾個人，甚至一代人的溝通來獲得需求，這時，就需要主動去思考和發掘不變的人性。到了這個階段，技術不再純粹只是服務，而成為了引領，從技術變成藝術。」

聽到這裡，很多聽眾已經糊里糊塗，只覺得索然無味，但王鵬卻越聽興致越高，這才是他一直想探索的核心理念。他忍不住舉手問道：「那該怎麼理解人性呢？」

這位大佬點點頭，嘴角勾起欣慰的微笑：「透過藝術、哲學、自然科學，去接觸那些早已存在很久的事物。經典的建築、繪畫、音樂常常能給我靈感，數學、物理、生物則跨領域告訴我們萬物的底層邏輯。觸及這一切的，還是你自己的人性。人是萬物的尺度。當你去欣賞藝術，去讀書、旅遊，就開啟了洞察自己的過程，你對自己洞察得越深，越能理解共通的人性。帶著這種理解回到技術層面，你就是改變世界的神。」

最後，大佬看了一眼王鵬，隨即秀出來一張賈伯斯演講的照片，背後是技術（Technology）和人文（Liberal Arts）兩個路標交錯，而賈伯斯則站在中間的點上。

演講結束走出會場後，陽光照在王鵬身上，大佬的觀點也照進王鵬腦子裡。他第一次感覺到，什麼叫「開天眼」：像在一個居住已久的黑暗房間裡，當你以爲自己對周圍的一切已經瞭若指掌，沒什麼新鮮的，卻突然發現有扇窗，推開它，外面是個遼闊無比的世界。爬到窗外後，你發現自己原來住在地下室，而樓上是座雄偉的教堂。現在，這個常年在黑暗中生活的人，需要很長時間恢復視力，重新看待世界。

王鵬努力整理了一下思緒，發現所有資訊都指向一個方向——關注人的需求，理解人性。該怎麼關注和理解呢？自己就是最好的範本，需求、人性都在自己身上，本自具足。

他想起胖子的話，「放下成見，人間處處是生機」。

覺醒卡・瓶頸突破

- 到了三十歲，你會發現年齡不是價值，專業不是壁壘，公司不是家。
- 收入不由你的能力決定，而是由願意最低價出售自己能力的人決定的。
- 大部分人職業薪資最高的一年，發生在三十到五十歲間。
- 三十歲過後的六條出路：專業、管理、轉型、平衡、自由職業、創業。
- 過度追求專業和技術崇拜常常會阻礙整體價值的創造。
- 統整自己所在職位的價值鏈，回歸到人性需求，能讓你更好理解技術的價值。
- 專業人成長的三個階段：Know Why、Know How、Know Whom，見自己，見天地，見眾生。
- 人是萬物的尺度，也是專業的尺度。

↘ 實際行動

（1）了解自己的價值鏈角色；問問自己，當前你的工作從發掘客戶到創造價值，一共分成了哪些步驟？你在其中扮演什麼角色？

（2）你希望在這條價值鏈裡，占據什麼更重要的位置？

（3）現在的你，在專業成長三階段的哪個階段？

完成上述任意一項任務，可免費獲得「可以不上班」咖啡一杯。
有效期 15 天。店主胖子擁有一切解釋權。

07 超級個體＝獨特優勢×小眾需求

洱海之所以叫洱海，是因爲從空中鳥瞰它，模樣就像一只耳朵。沿著耳朵向上側走，到耳尖折返的地方，有一大段筆直的道路。路邊停著一排小麵包車，車身上畫滿各式LOGO，後車廂掀開，裡面擺著酒水櫃，店主們從車上拿出兩張小凳和一張桌子，這麼一擺，就是一間移動咖啡館。坐在這裡，夜晚小酌、白天來杯咖啡，憑海臨風，自在爽快，成了環海一景。

天藍這天從早上八點起來，忙到下午兩點，看了不少別人推出的線上課程，越看越覺得自己並不具獨特優勢。正好同社區裡有要人開車去環海，於是搭了順風車來散散心。繞過耳尖後，竟然遠遠看到一個熟悉的「不上班咖啡館」招牌，這是中關村那家的分店嗎？

天藍連忙下車，走近一看，竟然是胖子本人在向她揮手！這次，他穿著帥氣的黑色機車夾克，牛仔褲配工裝靴，就是那張肉肉的臉從那副復古騎行眼鏡框旁擠出來，讓天藍有點想笑，但她又忍住了。旁邊停著那輛白色摩托車，後行李箱掀開，竟然也有一套迷你咖啡機！原來胖子也在學人經營移動咖啡館。

「胖子！你怎麼在這？你也來大理啦？」

「我剛到，坐吧，喝杯咖啡。」胖子用力拿下眼鏡，似乎並不驚訝。

「你怎麼會在這裡？」天藍伸手想去摸摸胖子的頭，想確定這是不是真的。

「別摸別摸。」胖子拍開她的手，說起自己的故事，「這幾個月，大公司陸續裁員，我的一個兄弟也被資遣了。他一直想出去走走，想來想去，準備騎車來大理。我就把車借他騎。」胖子指指身後的摩托車。

「北京到大理共三千公里，國道上騎，對一般人來說得花六、七天吧。不過這小子憋了那麼久，硬是沒覺得累，一路直衝，五、六天就到了，本來說住滿一星期就準備回去。」

「結果妳猜怎麼著？」胖子一拍大腿，「他在大理古城遇到一個女孩，兩個人一見鍾情，好到不行。他打電話跟我說，『老大，我不想回去了，我要在這裡住上一段時間。』妳看這理由——唯真愛和自由，無法抗拒。」胖子兩手一攤，大搖其頭，「沒辦法，我就只好自己飛來把車騎回去啦！這幾天也就順便繞繞。沒辦法，重色輕友，最佳損友。」

聽完胖子的奇遇，天藍哈哈大笑，覺得世間事妙不可言。另外，聽到胖子不開心，她開心了不少。她把自己怎麼到了大理，又怎麼自由職業碰壁，今天怎麼一時興起來這裡的經歷講了一遍。

「我們也太有緣分了。」天藍說。

「煩惱即菩提，緣分即問題。遇到問題，就是遇到緣分啦。」胖子和天藍碰杯，說，「不過我要先祝賀妳走上自由之路！雖然有很多的煩惱，但都是自由的煩惱。」

天藍說：「對啊。以前我從未想過，自由也是有煩惱的。沒有目標，沒有回饋，沒有同伴，也不知道自己做得好不好。再這樣下去，感覺遲早要廢了。從來沒想過，原來當自由工作者也是不容易的。唉，生活不僅僅有眼前的苟且，還有遠方的苟且啊。」

「是啊，自由工作、自由工作，難點不是自由，而是工作啊。每種自由背後都有責任，責任背後都需要能力。我在城市騎車，戴個安全帽就能出門，但要騎行三千公里，就要攜帶一大堆裝備，穿上全套護具。同樣地，自由工作者也需要很多裝備啊，比如現在妳遇到的問題——怎麼定位自己。」

「什麼叫怎麼定位自己？」天藍毫無頭緒。

「妳沒概念是正常的，因爲人在職場，並不需要定位自己。妳的職位是上層決定的，工作內容則是流程決定，妳早就被定死了。公司不需要妳有核心競爭力，而要妳有核心忍耐力。但現在妳什麼都能做，所以跟在公司完全相反，妳反而需要聚焦一件事的定力。」

公司當然不需要員工定位自己。天藍想，大公司有這麼長的業務鏈，一個人根本看不到頭。很多時候，天藍覺得自己像一個千人拔河比賽隊伍中的一員，既看不到對手是誰，也不知道進度，只需要聽著OKR拚命往後拉；同事也不知道誰眞的在用力，就都只好表現出很努力的模樣，這就是內部過度競爭的開始。

現在天藍就是自己的同事，精力有限，東做做、西做做，一年也就過去了，存摺上的餘額也要見底了。天藍意識到，自己走入了一個她從沒經歷過的陌生地帶。不過她反而有點興奮，這不就是她離開職場，獨自一人走入曠野的初衷嗎？

「有些人以爲，自由工作者就是想做什麼就做什麼，但這只是自由，不是工作。」

天藍聽得點頭如搗蒜。

「**所有工作的本質，都是透過替別人解決問題來獲利**。而自由工作者只有一個人，需要最大化地發揮自己的優勢，替別人解決問題。這裡有兩個要素：一是自己的優勢，二是別人的需求。定位，就是要找到這兩者，然後在悅己和悅人之間，找到平衡。」

天藍有點明白過去自己碰壁的原因了：悶著頭製作課程和寫書，卻根本不知道目標用戶和讀者的需求，完全是悅己而已——專業不是定位，除非專業能解決別人的問題。

旅遊KOL呢，倒是有人想找高CP值的住宿，比較悅人，但可惜自己也沒有相關的資源和優勢。經營讀書帳自己倒是有點優勢，但是相比之下也不突出——興趣也不是定位，專業也不是定位，只有能解決問題的專業才是。

「是的，只考慮興趣、考慮專業，這是純悅己；只考慮流量，或者別人做什麼我就跟風做什麼，這是只悅人，這些都沒辦法支撐起一份工作。要把悅己和悅人打通，結合優勢和需求。」胖子說。

「這我懂，和我在公司做業務是一樣的，先摸清市場，了解用戶需求，調查、研究競爭對手，然後籌備專案小組來滿足客戶需求。」天藍又自信起來。

「不不不，這就是定位的第二個坑：**習慣性的『跟隨模式』，也叫 Me Too 模式**。就是妳做什麼，我也做，大不了我下殺便宜一點，最後誰都賺不到錢。這個模式陷阱專門是給妳這樣優秀的人跳的。在公司裡越優秀，在轉職爲自由工作者時，就越容易撞得頭破血流。」胖子這個討厭的傢伙，他似乎總有一堆「不不不」在等著妳，不過「不不不」完，他也總能給條新的出路。

「自由工作者要反著來，用『創造模式』。我說個故事給妳聽吧。我們咖啡館有個顧客老吳，名校EMBA畢業，六十歲從高層管理職退休，想轉職成自由工作者，他看準了銀髮市場。首先，他先做了個宏觀的市場調查，中國人口共十四億，老年人近三億，收入比較高的人口占一億……總之，他對著中國地圖，算得心潮澎湃，總覺得未來幾年這市場總量前景無限。」

天藍點頭，她讀過MBA，也很熟悉這套市場調查邏輯。

「他調查完一圈下來，發現市場前景雖好，卻完全沒有頭緒要如何開始。因爲按照他的邏輯，下一步應該要鎖定最有需求的領域，接著開始籌措資金、招聘員工，但那些有利可圖的市場，早就被各大公司塞滿了。自己退休了，就是想清閒一點，做點有趣的事。這下難道要重新創業不成？但是自己一個人做，該做什麼呢？」

胖子拿起一張餐巾紙，畫了兩個同心圓，在外面的圓寫上：**組織力量×大眾需求**，在

超級個體戰略

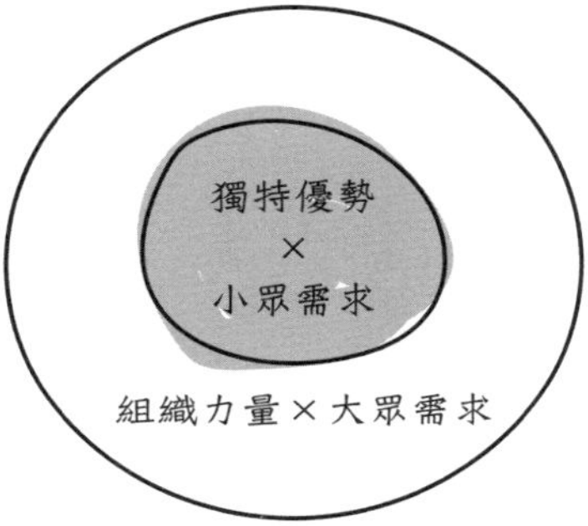

裡面的圈寫上：獨特優勢×小眾需求。

「我告訴他，自由工作者就是一人創業公司，他的思維模式，要反著來，才有勝算。妳要找那些大公司看不上的小眾需求，結合妳自己獨特的、大公司沒有的優勢。這樣才能勝出。」

胖子在餐巾紙上，重重地把內圈用筆塗黑。

「簡單來說，就是不要全把注意力放在外圈。要向內發掘自己的獨特優勢，這才是自由工作者的商業模式。」

「那我該怎麼發掘自己呢？」天藍好奇地問。

「提問題啊！問題比答案更重要。我問他，『這個市場你是怎麼發現的？它解決過你什麼問題？』這麼一問，他想起來了。他的靈感來自父母家中房屋的高齡友善改造。老人到了一個階段後，感官靈敏度、手腳肌力都會下降，房間需要重新安裝扶手、小夜燈、防滑墊、警報器等設備。為了改造父母房間，他也反覆比較過很多商家，查詢許多國內外資料。這就是他的『獨特優勢』。

我繼續問他，『你身邊有哪些人，也需要這些設備呢？』他馬上想到很多人，像是他EMBA的同學，都是同齡人，也都樂於改造父母的住處。這些人都信任他，這是他的『小衆需求』。我最後又問他，『你準備一年賺多少錢就滿足呢？』他說，『五百萬就心滿意足。』

講到這裡，我直接把帳算給他看。一個中高級的裝修方案在四十萬到一百萬之間，大概有一半的毛利。如果平均一個方案六十萬，你只需要每年開發十五個客戶就夠了。第二年還有轉介紹。這麼做個三年，是不是每年穩穩地有千百來萬的收入？

老吳聽完直拍大腿，『沒錯！我還準備腆著老臉經營抖音，去和你們這些年輕人比拚呢（說到這裡胖子很得意，我還算是年輕人哦）。我就應該扔掉地圖，打開手機通訊錄，和EMBA的同學出來吃個十頓飯，就夠啦。』妳看，他這就是用這個公式，創造了自己的商業模式：超級個體＝獨特優勢×小衆需求。」

聽完這個故事，天藍覺得自己似乎有些開悟了：自由工作者的最大優勢，是靈活自由。而這裡最核心的優勢，其實是「自己」。過去一段時間，自己一直在找別人、找市場，卻忘記發掘自己這塊大寶藏。總盯著別人看的人，是無法自由的。

想到這裡，天藍一下子從躺椅上坐起來，盯著這個公式問胖子：「我該怎麼找到自己的獨特優勢和小眾需求呢？」

她本來想慣性地說，「我可沒讀過ＥＭＢＡ，沒那麼多優質潛在客戶。」但她生生把這句話吞下去了，她發現自己還是有跟隨模式，但回歸自己才是重要的。

「每個人都有很多獨特優勢，只是缺乏發掘罷了。妳看，妳有很多職業成就，這裡有妳的『職業優勢』；妳有獨特的學習經歷，妳的專業、證照、受過的培訓，這也都是妳的『專業優勢』；妳還有自己的獨特人生經歷，這更加是妳獨特的『生命優勢』。這三種優勢，都藏在妳的生命裡。」

說到這裡，胖子似乎想起了什麼：「對了，妳聽過《牧羊少年奇幻之旅》嗎？一名牧羊少年在西班牙教堂裡，連續三天做了同一個夢，夢見埃及金字塔下藏有一堆寶藏。他賣掉所有羊群後上路，途中經歷了各種磨難，終於到達金字塔下方。」

「當然！」這是天藍最喜歡的一個故事，她馬上接了下去。「他在金字塔下找到了夢中埋藏寶藏的地方挖掘，卻吸引來三個強盜，他們覺得少年一定在下面藏了金子。他們毒打他，直到他奄奄一息。少年想反正要死了，於是講出了自己關於寶藏的夢。強盜卻哈哈大笑。一個強盜說，『我也很多次做過類似的夢啊，說在一個西班牙教堂的神像正下方藏有巨大寶藏。但只有眞正的白癡，才會因爲相信一個夢而遠渡重洋。放了他吧，他是個白癡。』他們放了少年。而少年突然領悟到了夢的眞意，回到自己出發的教堂，挖到了眞正的寶藏。」

胖子凝望著水面，似乎在和天藍一起觀看這個故事，「現在，有個人因爲追尋自由而離開職場，來到遠方，卻碰得焦頭爛額。有沒有可能，她要找的自由，其實一直就在她自己身上？」

天藍被一股巨大電流擊中，那個熟悉的故事突然和她的生命歷程緊緊相連。過去這麼長時間，她總是不斷在「尋找」自己的優勢，其實這句話完全錯了，應該是「發現」、甚至是「認領」自己的優勢。自己的優勢從來、已經、早就藏在自己生命裡。她心心念念的故事裡，就藏著自己的未來！

她正想進一步問，那具體該怎麼找到自己的寶藏呢？可是胖子的身體卻慢慢在躺椅裡滑了下去，他大大地伸了個懶腰，把手搭在肚子上。

「在這麼美好的地方，是不是應該至少得發個呆啊？別再繼續聊什麼優勢、需求了，我現在的需求就是睡個覺，妳呢，就先好好喝口咖啡，拿張卡片，我們下次再聊。」

不過，現在的天藍似乎也不再著急追問了。她相信，自己身上就藏著寶藏。

此刻，她閉上眼睛，享受微風吹拂，陽光灑在身上，晒乾過去一段時光的迷茫和焦慮，她已好久沒有感受這樣的寧靜了。

等天藍再睜開眼睛，胖子已經不見了，而她手裡還拿著一張覺醒卡。

覺醒卡・IP定位

- 超級個體＝獨特優勢 × 小眾需求
- 自由工作者的難點不是自由，而是工作。
- 自由工作者是透過運用自己的獨特優勢，解決別人的問題來獲利。
- 不要把注意力放到大市場的大眾需求，而是回到自身。
- 丟掉地圖，打開手機通訊錄，獨特優勢和小眾需求，都在你身上。
- 不斷盯著別人看的人，沒有自由。
- 你心心念念的故事裡，有你的未來。

↘ 實際行動

從三個方面，尋找自己的獨特優勢：

（1）整理一下自己的專業背景、過去的經驗，看看其中有什麼獨特優勢？

（2）整理一下自己的專案經驗，你曾經幫誰解決過什麼問題？

（3）整理一下自己的個人成長歷程，你曾經幫自己解決過什麼問題？

完成上述任意一項任務，可免費獲得「可以不上班」咖啡一杯。
有效期 15 天。店主胖子有可能隨時離開大理，見不到概不負責。

08 技術轉管理的四大陷阱

天藍的寶藏在自己身上，王鵬卻發現，自己的寶藏在別人身上。

在聽完大佬演講後，他覺得不管怎麼樣，要讓自己有所行動。公司暫時沒有相關職缺，他便找到直屬主管強哥，表示如果有機會，自己願意帶領專案小組，攻關難題。產品經理來團隊找人的時候，他不再是低頭假裝沒看見，而是主動上前協助。ＨＲ要篩選履歷，他也自願幫忙，不再將新進的年輕人視爲假想敵。

幾週過後，公司招進了一批年輕工程師，他積極地傳授經驗，教他們熟悉程式碼並了解公司規範。中午，王鵬時常和他們在會議室，一邊吃飯，一邊分享行業新技術。兩個多月下來，他變成了新人口中的「鵬哥」。王鵬慢慢開始覺得，和人溝通也不是那麼難。客戶提出了新要求，需要技術突破，王鵬臨危受命，組建了專案小組，進入了實質的專案管理階段，也正式踏上技術管理之路。

不過，管理之路並不平順。王鵬是那種願意熬夜到半夜，死命都要解決難題的人。但新來的年輕人顯然不願意吃這種苦，經常抱怨工作太累，像是上了兩份班。老同事們應該是創立了一個新群組，原來的群組已經很少交流真心話了，日常的對話全變成了開會、目標擬訂、討價還價。果然應驗了那句話——沒有人會嫉妒國王，除了他的弟弟；沒人會嫉妒你的升職，除了老同事。

以前當同事時還沒發現，原來團隊的技術水準比他想像的要差得多。一件工作交辦下去，等了三天，拿到的結果卻讓你恨不得把報告撕碎撒到他們臉上。「再改一版！要這樣改！明白了嗎？」

結果，組員嘴裡說明白了，但再改一版的結果也好不到哪裡去。本來想大發雷霆，但進度不等人啊，王鵬只好「放著我來」。

次數一多，下屬們也逐漸習慣了「我差不多就好」的模式，反正還可以「放著你來」。於是王鵬越來越忙，組員卻越來越清閒，也沒有成就感。王鵬變成了頭號救火隊員，每天都有解決不完的問題，累到崩潰。而團隊成員們則成了看戲，「啊，這個方向有問題……老大，那個進度眼看就不行了……」

這天，王鵬幫組員改程式改到晚上八點，餓得頭昏眼花。下樓拿外送餐點時，在走廊正好聽見兩個同組的工程師抽菸聊天。

一人說：「最近工作怎麼樣？」

另一人悠悠地吐出一口煙，說：「我覺得公司的策略有問題。」門外的王鵬聽了勃然大怒，上級在忙管理，老子在編程式，你們都在規劃公司方向！反了吧！

此刻食物擺在眼前，他也沒心思吃了，轉身去便利商店買了一包菸。王鵬從來不抽菸，但此刻心裡難受得很，覺得這一個月的管理職當下來，有的全是破事，生命全浪費了，想抽菸解悶。

煙一吸進去，他被狠狠地嗆了一口，猛烈的咳嗽讓他淚水直流。但這口菸讓他想起一個老菸槍——胖子。自己這條管理職之路，原是胖子指引的，要不要和他聊聊呢？不過，胖子一個人開咖啡館，沒事騎騎車，逍遙自在，但倒是沒見他眞做過什麼職場管理。

反正死馬當活馬醫，聊聊再說吧。

王鵬踏入咖啡館的時候，胖子果然坐在咖啡館門口的小桌子上，晃著腿悠閒地抽菸。看見王鵬的表情，知道他一定是遇到什麼難處，便遞給他一支。

王鵬擺擺手說：「我陪你抽菸，你有空聽我說幾句嗎？」

於是胖子端給他一杯咖啡，開始聽故事。

王鵬把這兩個月經歷的事，從頭到尾講了一遍——從走訪價值鏈、主動溝通，到臨危受命，最後卻遭遇背後議論……

講到激動處，王鵬用手砸了一下桌子，「人心真的太壞了，我在這忙到吐血，別人卻等著吃鴨血火鍋。我管不了這些人了，還是回去寫程式吧。」

胖子聽得很認真，眼神裡沒有一絲諷刺，倒全是鼓勵。聽完以後，他拍拍王鵬的肩膀：「想不到這些天，你做了這麼多事，嘗試了這麼多東西。這已經很了不起了。你知道嗎？好的開始如果是成功的二分之一，壞的開始，就是成功的三分之一。而完美的開始，根本不可能。你已經走出了很重要的一步。」

胖子吐出一口煙，道：「我總結一下，這兩個月來，你就是在以下幾種狀態中掙扎：遇到問題就第一個衝上去救火，大家反而習慣性後退。你累到吐血，組員卻毫無成長，下次問題發生還要繼續等著你來救。難得遇到沒問題的好日子，你已經累得要死，正好偷空休息，根本談不上什麼團隊管理。結果專案進度自然拖延，別說多發獎金了，一切都按照規矩來，該發多少發多少。等到跨部門溝通時，你這點精力早就用完了，當對方部門提出需求，你就容易生氣，只覺得別人不懂自己的專業領域還指手畫腳，也沒空準備需跟上級彙報的內容，對不對？」

王鵬頻頻點頭，胖子這是在自己辦公室裝了監視器嗎？

胖子歪著腦袋，有些同情地說：「結局可想而知——你忙得要死，大家卻沒什麼成長，工作也沒做好，在上級面前還落埋怨。其實你的方向沒有錯，只是全部都走歪了。所以，你覺得自己根本不適合擔任管理職。」

說罷，胖子拿出一張餐巾紙，寫下四個詞彙後遞給王鵬。

救火、被動、清高、技術崇拜

雖然都不是這麼正面，但這幾個詞彙的確很精準，王鵬不得不服。

胖子說：「這是好事啊。世上沒有新鮮事，技術人員轉做管理職，往往會遇到這些問題。越早發現，越早成長。我說個故事吧。我不是愛騎摩托車嗎？有一次我帶朋友騎車，並規劃了最美的風景路線，我騎車在前面探路，他們開車在後頭跟著，聽起來很完美吧，我們高高興興地出發了。路上，我總是興沖沖指一座山頭說，『那裡風景很好，我們走吧。』然後就一溜煙就上去了。結果他們開的小轎車、商旅車，根本上不去，還有幾臺直接拋錨卡在路上，大家抱怨連連。那天解散後，我們都很不愉快。我覺得自己一片好心，他們覺得我根本不可靠，不歡而散。後來我才意識到，我那天並不是一個人去冒險，而是負責領隊。他們的需求也並不是冒險，而只是走出城市到處轉轉。我把自用的摩托車思維代入團隊旅行，大家肯定不歡而散。」

他指指王鵬坐著的凳子：「現在你也是這樣，明明坐上了管理大位，腦子卻還留在技術線。管理這麼複雜，可能不是人心不古，而是自己的站位不對。」

王鵬說：「那，難道你就放棄騎摩托車了嗎？那才是你的優勢啊。」

「我不需要放棄摩托車，只需要增加管理技能就好。技能是工具箱，沒必要只限制在減法，學一個就丟一個。而是要學會加法，學一個多一個，你的掌控圈就越來越大了。」

胖子做出催油門的手勢：「我可以是靈魂車手，也可以是婦女之友。怎麼樣，想不想了解管理的精髓？」

王鵬一下子就來了精神：「說說看。」

「首先說救火隊。這個問題點很清晰，你越是主動解決難題，大家越是依賴你；而你越是覺得光靠自己就能解決好，就越對團隊不信任，大家也越不想主動出頭。長久下來，會形成惡性循環。你累死累活，大家原地踏步。很多厲害的人單幹一條龍，團戰一條蟲，把團隊越帶越爛，就是這個道理。」

「我理解了，但總是忍不住。一旦自己沒有解決問題，就好像失去了價值。每天坐在辦公桌前，不知道該做什麼。」王鵬說。

「這是技術人員的慣性。技術職最大的成就感就是解決搞不定的難題，久了還會成癮。但轉向管理職後，則需要你增加一種技能——幫助別人獲取成果，獲得成就感。再說一次，不是轉變自己的成就感，而是新增一種成就感來源。」胖子說。

這就是強哥說的，要帶領大家一起成事。王鵬點點頭。和天藍喜歡鋼鐵人不一樣，他更喜歡看復仇者聯盟，一群人一起達成一件任務，感覺真的很妙。他問道：「那我該怎麼找到自己帶隊作戰的成就感呢？」

「這要提到技術人員轉管理職常踩的第二個坑：甩手掌櫃，也叫被動管理。不過這也難怪，很多救火員這樣忙下來，的確沒額外精力再主動管理了。所以你回想一下，很多『有驚無險，力挽狂瀾』的情況，是不是都源自沒有『提前管理，預警危險』？」

的確如此，王鵬回想過去幾個月，自己猶如《水果忍者》的玩家，一旦問題跳出來，就漂亮地揮刀解決，卻很少思考這些水果是從哪掉下來的。比如，雖然有計劃，但他拆解得並不細，也沒有要求組員按時彙報進度，期間也很少抽查。等快到結案日時，才發現進度落後，只能加班自己追。

還有一次，團隊裡兩個同事吵架，自己懶得介入，放任他們自行解決。他知道，自己心裡其實是希望能大事化小，小事化無。但結果並沒有，最後其中一個人甚至憤然離職。包括向上級彙報也是，別的團隊提前找資料、做簡報，他更多靠臨場發揮，結果反而錯失團隊資源的爭取機會。

「企業管理中有一個著名的『**1:10:100** 法則』。事前計畫、規避錯誤只需要耗費一的成本，事中改進就需要十倍的成本，而事後再修正，就需要百倍的成本。所以在前期階段就做好一的功夫，就算眞有問題也能及時止損，就不需要付出後面十和一百的代價了。你過去只能看到十和一百的顯性價值，卻看不到一的隱性價值。這也是你覺得沒成就感的原因。**最好的管理不是有驚無險，而是無驚無險——No Surprise**。

所以，這個掌櫃的角色，需要你從甩手掌櫃轉變成動手掌櫃，需要主動建立流程管理SOP，提前擬訂計畫……」

「這些我都做到了啊！我擬訂了計畫，也公平分配任務給每個組員，但有些人就是進度拖拖拉拉，成品品質馬虎，說了也沒用！」王鵬憤憤地說。

「人又不是機器，管理者不能指望人像電腦一樣，只要設定好參數，一按確認鍵，就能準確無誤地執行程式。」胖子從手邊拿出一張餐巾紙，畫出一個四邊形後，在格子裡依序寫上：計畫、組織、指揮協調、控制，上面寫上：**管理循環**。

看到王鵬還是轉不過來的樣子，胖子靈機一動，換了種方式說：「王鵬，聽說你是養魚高手，那你能不能分享一下，要怎麼設置海水缸呢？」

講到自己擅長的領域，王鵬一下就有了興致：「養魚先養水。首先要先想好總共要養幾條魚，因爲這決定了魚缸的容量。然後依照預算配置照明燈、過濾器、換水器等設備。

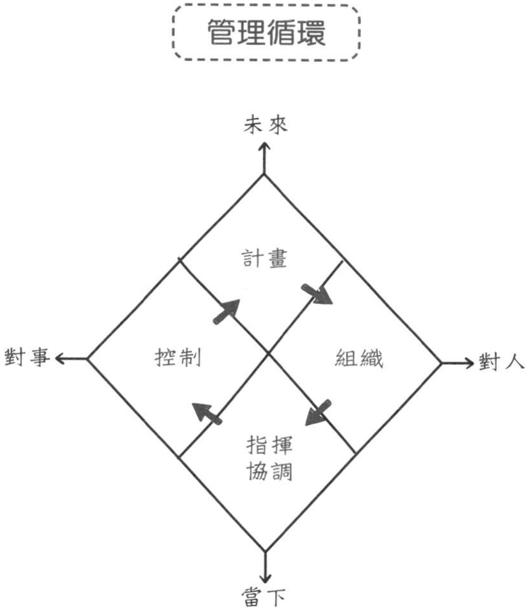

接著依次把這些設備安裝好，放到合適的地方。

這可沒有聽上去這麼簡單，常常會出現各種意想不到的問題。比如說加熱器功率不夠，要及時發現，替換成更高功率的。排水管口徑不一致就會漏水，要使用膠水改裝，還得留意要用無毒不溶解的專用膠水，否則魚也會被毒死。

即使這樣，海水生態系統也不是馬上就能建立起來的。有時候，珊瑚會成片死亡，這其實是水質出了問題。這時候就需要盡快測量水的酸鹼度、鹽度，清理部分綠藻，以免阻礙陽光，讓水質重新穩定……」王鵬講起養魚興致勃勃，簡直停不下來。

此時，胖子突然胖子打斷王鵬：「這不就是你的管理循環方式嗎？設置水缸，規劃設備配置，這是『計畫』。把合適的設備安裝到合適地方，確保正常運作，這是『組織』。出現問題，及時排查，這是『指揮協調』；最後，你有那麼多的溫度計、水體測量儀器可視情況使用，這是『控制』。你既然是一個養魚高手，那就肯定可以成為管理高手。你需要的，只是換個方式做。」

「可是，機器一旦設定好了就會自動運行。但是人呢，人總會出錯啊。」王鵬有些不服氣，「再說了，遇到問題，難道他們不應該先試著自己解決嗎？這很簡單吧？」

「王鵬，不是每個人都像你一樣厲害的。專家往往有個巨大盲點，就是認為團隊的動力和能力都和自己是相等的。交代工作時，他認為只要簡單地敘述問題、提出要求，團隊自己就能運作，其實根本不可能。

就像前面提到跟我出遊的朋友，他們最害怕我說的一句話就是『我知道有一條近路……』，因為半小時以後，大家的汽車十之八九都在路上拋錨了。後來我想通了，大佬之所以是大佬，是因為他們比一般人更加聰明，更加努力，但團隊裡不可能每個人都達到這種程度。」

王鵬想起團隊成員的吐槽：「老大，我最怕你說的一句話，就是『顯而易見』，你的顯而易見，我們想破腦袋都想出不來。第二句是『這不就是什麼什麼嗎？』」

胖子大笑道：「這就對了！我再補充一句你的組員不敢說的話：『老大，如果我這麼厲害，就不會在你手下做事了。如果你真的那麼神，也用不著管我們這群大頭兵了。』」

唉，這兩句話眞的應該裱起來，掛在牆上！王鵬想。

這樣一想，的確他手下的年輕人、老同事都各有各的想法，也的確不是人人都如他一樣拚命。再說，眞正比他強的，早都是高階專案經理，甚至出去當CTO了，哪裡輪得到他來管呢？心裡想著，對團隊的愧疚又多了一分。

「那我該怎麼激勵他們？是不是仔細帶他們讀懂技術文件，讓他們成長得更快？」

胖子哈哈大笑：「你可以試試看，但也可能會碰釘子。你之前帶新人利用午休時間學習，不強迫參加，這還沒什麼壓力，受用的人還挺高興。但在工作時間舉辦小組學習會議？大家可能還會抱怨工作做不完，早點散會吧。」

這個胖子，肯定是偷裝監視器了，王鵬想，連同事吐槽我的話都一模一樣！王鵬舉辦了了三次小組學習會議，還帶大家一起讀書，但都不了了之。

「技術大佬還有個毛病——只關心團隊的專業成長，卻很少關注組員眞實的需求。這就是第三個坑，清高。我們前面說過，大部分的上班族都是第三種石匠，沒什麼夢想，只想要賺錢，跟著你做事，中期目標是希望學到眞功夫，最終目標是升官發財，至於底線，最少也要圖個心情愉快吧。」

「但是他們也拿了錢啊，而且我們的薪水還算可以，我也沒有權利調薪，此外，我還能多做什麼呢？」王鵬兩手一攤，一副巧婦難爲無米之炊的模樣。

「其實能做的事還不少哦。你自己吃過技術團隊的苦，受苦受累卻沒得到半句肯定。也許你能在向上彙報時有所表示？如果有些人表現優秀，也能多爲他們爭取機會？」

「但現在專案還沒什麼實際成果，我實在開不了口啊。」王鵬說。

「那至少可以陪他們聊聊未來發展，分享過去的專案參與經驗？將心比心，你自己還是基層員工時，是不是也希望有這樣的主管？對了，還有一件事特別重要。」

胖子接著說：「你必須要保護你的團隊成員。技術團隊有時候在專心處理問題，忙得要死，結果還莫名其妙被其他部門投訴，心理防線容易潰堤。這時，你就是他們最後一道保障，要站出來保護他們。這個時候你若怕麻煩，讓他們自行解決，別人會怎麼想？如果你不能成就他們，至少要保護他們，也不枉他們敬你爲主管，叫你一聲『老大』。」

王鵬聽得臉上發熱，他常常嫌麻煩，總讓相關部門直接找下面的組員溝通。如果他都覺得煩，想必團隊更是承受了巨大的壓力。

「最後一點，我倒是覺得你做得不錯，就是放棄『技術崇拜』，主動溝通需求。」胖子說，「自從拜訪完價值鏈上的每個角色，你開始眞心地關心客戶，關注銷售端和產品的需求。這是因爲你眞的理解了這件事。」

救火、被動、清高、技術崇拜……

王鵬將這些詞彙和自己的經歷一一對應。他逐漸發現，自己管理不當，甚至被孤立，基本上屬於罪有應得。想到這裡，他呆坐在那裡自責起來。

胖子在他眼前打了個響指：「你別太沮喪。誰第一次做管理不是這樣，不懂很正常，多學就是啦！你能是養魚高手，就也一定能是管理好手。只要記得時常溫習這個管理循環就好。」

王鵬此刻似乎也終於生出了一些信心。他對胖子說：「老闆，我以前總覺得轉成管理職後，關鍵問題出在能力、性格和技術，但現在發現，其實是心智問題。我過去總活在技術人員狹隘視角裡，這讓我感到安全，但看不到更寬廣的眞相。我把每個人都當成是自己來管理，最後碰壁是難免的。

以前，我覺得自己不說有多優秀，至少是個善良的人，現在發現，這種所謂淳樸的善良，反而更容易害到別人。同時，我也眞的缺乏對他人的同理心。不做管理，眞的不知道我有這麼多毛病。」

「職場如道場，新事情像鏡子一樣，能照出很多問題。不過當問題被看見，就已經解決一半了。」胖子揮揮手，「接下來的一半，就是修練循環的過程啦。」

王鵬的大腦突然閃過某個連結：「胖子，我看過一些佛經，裡面講到人的三毒——貪嗔癡。我覺得管理也有貪嗔癡：身爲管理者，還要搶一線的成就感，是貪。看到別人達不到我的要求就生氣，是嗔。對別人的需求視而不見，只認爲技術是唯一眞理的，這是癡。我一身貪嗔癡，管理這面鏡子都替我照出來了。也許，這就是我的修練。」

胖子眉毛一揚：「哦呦哦呦，管理學都被你提升到哲學高度啦！厲害厲害。難怪大家叫你博士。是的，眞正的轉變都不是來自技術，而是來自內心。心態放對了，凡事都有答案。不過博士，佛經也說，過去心不可得。這些事經歷了，就經歷了。不用再糾纏自己過去的不足，重要的是未來該怎麼做。」他用手點了點那張餐巾紙。

王鵬一下子站起來，現在他連咖啡館都不想待了，只想衝回家做出新方案。走出幾步，他又想起來什麼，轉身問胖子：「對了，我現在有信心做好專案管理了。那未來，我應該走專業、管理、轉型哪條路呢？」

「人們總愛提前規劃路線，其實路不是想出來的，是走出來的。你規劃好要走什麼路，外界也不一定有機會。你沒眞的走到路口，可能也感受不到。不如先專注當下，機會來時，你自然會有選擇。你說呢？」

沒想到這胖子居然也佛里佛氣起來，他單手舉在胸前，右手持菸，朝著王鵬背影大聲地道：「現在想都是問題，做才是答案。阿彌陀佛，博士施主，過去心不可得，未來心不可得也。」

覺醒卡・掌控管理

- 管理者是從個人貢獻者，走向組織貢獻者。從特種兵變成排長，需要調整站位。
- 救火、被動、清高、技術崇拜，是專業轉管理的四大陷阱。
- 好的管理不是有驚無險，力挽狂瀾，而是做好提前管理，預警危險。
- 管理四大職能：計畫、組織、指揮協調、控制。
- 大部分上班族，都是第三種石匠。管理就是帶領平凡人，成就非凡事。
- 好主管要主動歸功員工、爭取利益、幫助下屬長遠發展以及保護團隊。
- 所有的轉變，都是心智的轉變。
- 路是走出來，不是規劃出來的。做好手頭工作，機會自然會出現。

↘ 實際行動

（1）你有管理經驗嗎？哪怕是最小型的專案，比如：籌辦會議。請回顧當時過程，看看自己做對了哪個環節，又錯過了什麼環節？

（2）在你的管理經歷裡，最常踩的陷阱是什麼？（可參考管理的四大陷阱）

完成上述任意一項任務，可免費獲得「可以不上班」咖啡一杯。
有效期 15 天。店主胖子擁有一切解釋權。

09 成為專家的三個祕密

這天，天藍滑到王鵬發的社群貼文，「感謝大家，我們成功啦！」照片裡王鵬變化很大。他頭髮更短了，顯得更加精神。黑白格子襯衫換成一件天藍色的 Polo 衫，身邊圍繞著七、八個人，他們共同舉著一個獎盃，神采飛揚。

天藍放大照片，仔細看了獎盃上的字，上頭寫著他們得了「最佳團隊總裁獎」。天藍感覺到，王鵬的樣貌氣質變得更平和、更有人情味了。

天藍迅速把貼文轉傳到他們的私奔群組，並標記了王鵬：「博士，眞棒！」

王鵬回覆：「我請大家吃飯。」又標記了天藍，「妳還好嗎？」

天藍這陣子過得還不錯。上次見過胖子以後，她統整了自己的三類優勢：

- **專業優勢**：中文系畢業，有很好的文字功底；零零散散學過心理學、塔羅、占卜的課程，有一些還有證照。
- **職業優勢**：在大公司做過品牌經營，也做過行銷，文案能力不錯，相關能力都還在；運營過百萬追蹤的ＫＯＬ帳號，知道怎麼在平臺經營帳號、導流；還有一群朋友可以請教。
- **人生優勢**：有一套健康飲食減肥方法，因為我過去是個胖女孩，靠自己的方法一直保持健康身材不反彈；曾經歷過幾次很嚴重的憂鬱期，並透過寫作讓自己走出來；作為運營人，一直用經營的方式經營自己，讓人生平衡。

寫完這一切，她覺得成就滿滿。她可以考心理諮詢證照，可以教人寫作，可以教人行銷，也可以教別人怎麼經營自己，還可以助人健康減肥，用文字治癒自己。

但是問題來了，這些她似乎樣樣通，但樣樣都不專精？接著，她想到了胖子的公式：「超級個體＝獨特優勢×小眾需求」。她需要用需求再次篩選，但是，要如何找到自己的小眾需求呢？

天藍又被卡住了。然而天藍是個行動派，一被卡住，她就要動起來，做點什麼都行，似乎只要動起來就能讓她思考。現在，她抓起帽子，騎自行車去海邊兜風。

剛騎出不久，就發現一輛白色的摩托車，停在洱海邊的草地上，旁邊有個穿紅色T恤的胖子，盤腿坐在草地上喝咖啡。那不是別的胖子，正是不上班咖啡館的胖子本人！

「嗨！」她突然從後面拍了一下胖子。後者嚇了一跳，手一抖，咖啡灑了一身，忙跳起來拍打衣服，肚皮波瀾起伏，看得天藍又愧疚又好笑。

「嚇死我了！怎麼又是妳！」

「可不就是我嗎？你怎麼了，在這裡晒太陽啊！」

「唉，」胖子露出可憐的模樣，「誰在這晒太陽啊，我剛才騎車去河邊玩，結果輪胎陷在泥地裡了，我一個人拉不出來，我想那也無所謂，就順勢做杯咖啡吧。結果，妳就來了。看，咖啡都灑了。我發現了，原來妳是我的剋星。從北京剋到大理的最佳損友。」

五分鐘後，天藍和胖子一起把車從泥地裡拖了出來。看著身上和鞋底的泥巴，兩個人坐在草地上大笑：「這下算是扯平啦！」

「胖子，我還真的有問題要問你。」天藍說，「我找到了自己的優勢，但是不知道該往什麼方向走。我也不知道，該怎麼定位小眾需求。」天藍把這些方向都說了一遍，然後問胖子：「我到底該做點什麼呢？」

「那妳覺得，妳能滿足我什麼需求呢？」胖子問。

「你的需求看起來有很多啊，我能教你減肥，幫你的咖啡館行銷，那塊招牌早該換一換了，還有……」

「不不不，妳完全錯了。當我們尋找他人需求的時候，常常還是按照自己的優勢去推測別人的需求。這就像某個段子說的：

小明你今天怎麼來晚了？

因為今天是學雷鋒日[9]，我扶了一個老太太過馬路。

那為什麼會晚這麼久？

因為她不肯過啊，我拉了好久。

9 編註：中國紀念日，倡導平易近人的助人行為以及無私奉獻。

「剛才推論的需求，就是扶我過馬路。但其實我當下最需要的，是解決車子陷在泥地裡的問題。如果妳幫我解決了這個問題，我就願意付錢。需求的最小單位，就是問題。**找到別人的問題，就是找到了別人的需求。**」

天藍歪著腦袋想了想：「我知道了！如果你覺得自己不胖，或者咖啡館不需要擴張，這就不是你的需求。而我之所以覺得你需要，是出自我用自身專業去評估的結果，對嗎？」

「是的，這就是大部分專業人士在抓市場定位時的盲點。他們從自己的專業角度判斷，會覺得他人全身上下都是問題！但其實他們很少設身處地從目標客戶角度去眞正關心別人的需求。比如，一個經營實體閱讀營的老師，她在這塊一直做得不錯，但學完發展心理學之後，反而困惑了——書上說家庭才是孩子最大的學校，家長不改變，孩子就無法改變。所以她重新定位課程內容，要改辦家庭學校。」

「這說的有道理，家庭的改變才是孩子改變的源頭。」天藍也學過心理學，知道這個原理。

「但是她的課程從此無人問津。因爲很多家長面臨的最難問題，其實是時間。他們已經在生活裡勞累不堪了，送孩子去補習或才藝班，是爲了讓自己能喘口氣，順便讓孩子學點東西。現在卻要家長去學家庭教育，那這期間孩子更沒人管了。」

「唉，這個困境真的無解。」天藍嘆氣，「真的只能昧著良心，不斷替孩子超前部署，卻對家長的問題視而不見嗎？」

「當然不是，還有很多選擇。比如，是不是可以繼續舉辦閱讀營，但是額外贈送線上家長課堂，先解決家長的時間焦慮問題？另外，也有一部分具有前瞻性的家長，已逐漸意識到這個問題，是不是可以爲他們專門開設家庭教育指導班？這都是更合適的定位。每個選擇要成立的前提是：要尊重對方的問題，而不是你的專業。不是『你應該』，而是『我可以』。」

定位原來不僅是找優勢，還要在悅人和悅己之間找到平衡，現在我才開始慢慢有體會了。天藍想。

「站在別人的角度，設身處地理解別人的問題，再慢慢運用自己的專業引導他們，才是真的助人。這才是專家的商業之路。」

此刻，他們肩並肩坐在草地上。天藍一邊聽，一邊看向遠方，在腦海裡統整她的課程方向，剛隱隱約約有了些眉目，馬上就想到自己的困境。

「胖子，我還有一個問題。我剛才想到幾個方向，都是個人成長類的，和商業無關。這些問題都是我的親身經歷，自己也深深知道其中的痛苦，是我眞心想做的。但我不是這方面的專家，不太敢做這方面的課程。我不想再繼續走原本的專業了，然而此刻眞正想做的卻不專業。唉，我是不是只能做回行銷的老本行了？」

胖子哈哈大笑起來，說：「不要這麼非黑卽白。每個人都有機會成爲專家，所有專家起初也都是普通人，只不過，他們更懂得搭建自己的專家之路。讓我來告訴妳，成爲專家的三個祕密。」

胖子在餐巾紙上畫了五級階梯，由低到高，分別寫上：求助者→探索家→建築師→助人者→專家。

「第一個祕密，就是**專家五階段**。其實，所有專家，都曾經是病人，他們被某一個問題困住，自己搞不定，面臨很多苦難，這就是『求助者』。然後，他們開始四處學習，探索這個問題的答案。可能拜訪名師，可能鑽研書籍，可能自己開始嘗試與實驗，慢慢地，他們把別人怎麼解決這個問題弄清楚了，這就是『探索家』。」胖子在探索家這裡，畫了一個圈。

專家五階段

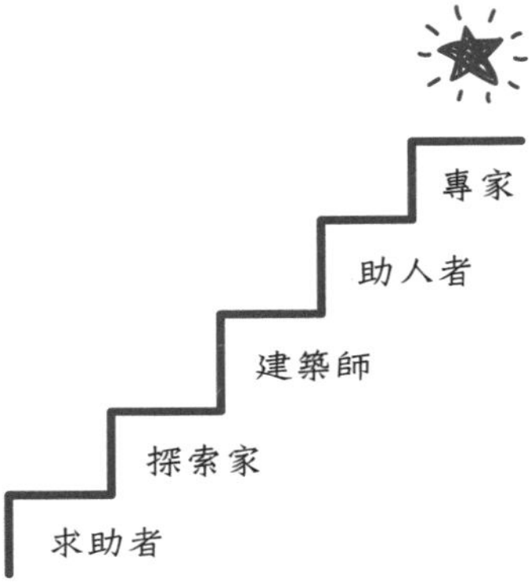

「當然，這些收集回來的東西有沒有用，只能用在自己身上慢慢實驗。逐漸地，妳建構了一套能解決自己問題的體系。這就是『建築師』的出現。

這個時候，妳看到了別人的苦難，那些人在經歷和妳一樣的困境，遇到類似的問題。妳開始好奇，這套系統用在別人身上，也有用嗎？從此刻開始，妳成爲了『助人者』。在這個過程裡，有些過去的體系被證明不適合別人，而有一些特別有用，爲了幫助他們，妳還會學更多的東西，主動改進以適應別人的需求。最後，這套體系越來越通用，越來越好用，妳成爲了一個領域的『專家』。」

胖子說著，站起來找到一塊扁平的石

頭，貼著水面扔了出去。石頭旋轉著，在深藍色的湖面上，跳跳跳跳跳，跳了五步，旋出一個漂亮的水漂。男人至死都熱愛打水漂。

胖子得意洋洋地轉過身問天藍，「看看這個階梯，在那些妳想做的議題裡，妳自己在哪個階段呢？」

「我基本在探索家和建築師之間——我一直想把這些技能整體統整一遍，這倒是提醒我了，更詳盡地歸納和總結後，就可以邁入建築師階段了。」天藍說，「然後呢，我就可以開始幫助身邊的人了，一開始先免費做公益，等累積了口碑和效果，再進入收費階段就會較爲容易。」

「對了，這是不是你總是贈送咖啡給我們的原因！」天藍突然醒悟，「胖子啊，看不出來你人老老實實的，鬼點子還挺多。不過，說眞的，我很喜歡你泡的那些咖啡，還有與你的談話。」

胖子說：「我的咖啡可不愁沒人要，請妳喝，是希望妳少剋我。不過妳說得對，**只要眞的能幫助人，商業其實是最大的慈善。**」

「對了，」天藍想起來，「那第二個祕密呢？」

「第二個祕密是，其實妳沒有必要等達到『專家』等級才開始籌劃，從『探索家』就可以開始了。」

「但是我又不專業，又能做什麼呢？」

「可以從『探索家』階段就開始累積潛在客戶啊。妳可以分享自己探索的知識，分享自己解決問題的過程，也可以號召各種探索家相互交流。平臺上有那麼多『我準備挑戰×××』的帳號，有那麼多的每日成長打卡群組、早起跑步群組，這些都是探索家在做的事。等妳成爲建築師的時候，客群也都養成得差不多了，大家看著妳成長，反而更容易信任妳。這就是『養成式專家』的玩法。」

「也就是說，我只要整理一下自己是如何走出困境，並持續輸出，陪伴大家探索這個領域就可以？而且現在就可以開始了？」天藍有點不敢相信，這太容易了！

「快告訴我第三個祕密！」前面兩個祕密都這麼厲害了，天藍很期待最後一個。

「這是個商業祕密，很貴的哦。」胖子偷偷地湊過頭來，小聲說，「這五個階梯上的人數其實是分布不均的，求助者和探索家是最多的，占八十％。但一個市場上，專家能有幾個啊，不超過二十個，競爭專家席位會累死人的。但是市場最需要的人是誰呢？其實是求助者和探索家，所以一旦成爲了建築師，就可以開始營業啦。專家往往看不上求助者和探索家，覺得他們是初級市場，他們也早就忘記自己當年的樣子了。所以，專家只能幫建築師上課，但建築師才有多少人啊。其實，初級才是最大的市場。妳也要記得，即使有一天成爲了專家，也要時刻發自內心地爲初級的使用者服務。」

這就是我很喜歡村上春樹的原因，天藍想。在耶路撒冷文學獎的頒獎大會上，他說：「堅固的高牆和撞牆破碎的雞蛋，我總是站在雞蛋一邊。」天藍提醒自己，永遠不要忘記站在雞蛋一邊，即使有一天能成爲專家。

「對了，如果我有好幾個選擇呢？那個做閱讀營的老師，最後她選擇了哪個呢？」天藍突然想起來。

「她也遇到好幾個定位的困惑，我對她說：『**Do something you want**。做一個自己需要、想要的產品，解決一個妳真實遇到的問題，會更加有力。因爲妳就是自己的第一個受衆，妳就是這個小衆需求產品的第一個使用者。妳要相信，妳的境遇不孤獨，妳有這種困惑，世界上一定有很多人也有這個困惑。妳解決過這個難題，也一定有人需要解決同樣難題。』

她最後選擇了做更小衆的家庭教育，但也幫助學完家庭教育的家長們舉辦自己的親子讀書會，幫其他媽媽照看孩子，也提供免費的家庭教育講座。這樣這些全職媽媽，也都能找到自己的事業和收入，解決了她們的問題。」

胖子笑瞇瞇地問：「妳最打算幫誰，解決什麼問題呢？這些裡面，哪個是過去的妳眞的需要的？妳會有自己的選擇。記得，沒必要成為高手才上路，可以從現在起就走上高手之路！」

我沒必要成爲高手才上路，我可以現在就走上高手之路！騎車回家的路上，天藍迎著五色絢爛的晚霞，霞光落下之處，是她點亮了燈的家。天藍反覆地想著這句話。在她心裡，一條道路在眼前徐徐展開，原點是自己生命經歷裡的優勢和天賦，另一頭是要幫助之人的問題，而腳下的路，是她眞正想爲過去的自己做的事。

覺醒卡・專家的祕密

- 需求的最小單位是問題。
- 自己的專業不是需求，興趣不是需求，別人的問題才是需求。
- 第一個祕密：專家的五個階段：求助者→探索家→建築師→助人者→專家。
- 第二個祕密：從探索家就開始發聲，創造產品。
- 第三個祕密：建築師、助人者的市場，往往比專家的更大。
- 要永遠站在雞蛋這邊。
- 不要成為高手才上路，而是要走上高手之路。
- Do something you want.

↘ 實際行動

（1）統整一下你生命裡遇到的難題：工作、家庭、學業、人生……哪方面是你已經完善解決的問題？

（2）在這些領域，求助者→探索家→建築師→助人者→專家，你目前走到了哪個階段呢？

（3）你有特別想為某個階段的你設計一款產品嗎，是為了解決什麼問題呢？

完成上述任意一項任務，可免費獲得「可以不上班」咖啡一杯。
有效期 15 天。店主胖子有可能隨時離開大理，見不到概不負責。

10 壓力等於毒素

「胖子，我可能得了憂鬱症。」如果天藍現在看到王鵬，肯定會嚇一跳。王鵬明顯瘦了一圈。他臉色發青，眉毛緊皺，本來藏在鏡片後的有神目光也黯淡了下去。此刻，他左手端著咖啡，以右手指關節輕揉著太陽穴嘆氣——誰也想不到，這就是以前那個靈光一閃，鏡片一亮就能滔滔不絕的王鵬。

「你還好嗎？最近一定很辛苦吧？」胖子收拾完東西，擦乾手在王鵬對面坐了下來。

王鵬低著頭，胖子的聲音好像從很遠的地方傳來：「每個人都有黑暗時刻，謝謝你還記得這家咖啡館，來找我這個朋友。」

王鵬的眼眶一下子濕了，奇怪，自己什麼時候變得這麼多愁善感了？

「發生什麼事了？」胖子問。

發生什麼事了？王鵬問自己。

過去這段時間，王鵬的人生發展一直很順利。自從他首次帶領的專案成功後，不僅升職加薪，團隊默契也越來越好，連續攻克了好幾個技術難關。年底，公司發了不菲的年終獎金，太太開心得不得了，回家準備了一大桌好菜。

此外，王鵬開始對商業這條路產生興趣，他考上MBA，利用每週末上課，等這半年寫完論文，也就快畢業了。研一時，王鵬結識了現在的合夥人，他邀請王鵬一起創業。經過深度地調查研究一番後，他帶著自己最得力的兩個手下，加入了新公司，成為了聯合創始人。今年年初，公司A輪融資[10]也籌募完成，業務上更繁忙了。

孩子一天比一天可愛，精力也一天比一天旺盛。丈母娘也從老家到家裡成為後援。在外人看來，這個時候的王鵬，才三十出頭，精力旺盛，家庭甜蜜，事業成功，上進心強，擁有最完美的人生。

可就是在這個最緊要的關頭，王鵬開始失眠了，他躺在床上，雖然累得要死，肩膀和

10 編註：通常是公司進行的首次重大風險資本融資，企業在此階段會出售部分優先股給投資者，以換取資金。

腰瘦得像浸了檸檬汁，但就是整晚都睡不著。失眠讓他更加疲憊，記憶力也變差了，一件事要反覆叮囑他人好幾次，別人說一件事，他都要用手機記錄起來才安心。週末明明想陪小孩，卻懶得動彈，自己還有MBA課程要上、有論文要交……但卻完全不想動了。

王鵬問自己，「明明這是我熱愛的事業，我喜歡的團隊，我也眞的很愛我的家人，但就是對什麼都提不起興趣，我是怎麼了？」他偷偷上網做了憂鬱症量表測驗，和敍述情況大多符合，他覺得自己一定是得憂鬱症了。

「關於憂鬱症量表，網路上的測驗結果都是僅供參考，有機會還是尋求專業幫助比較好。但現在，我肉眼就能看出來，你的壓力太大了。」

王鵬長嘆一口氣，「那有什麼辦法？我不怕壓力，男人流血不流淚，很多事硬扛也就過去了。我過來就是坐一坐，等一下就走。」

「好啊，那你走之前，先聽我講個故事吧。在匈牙利有個醫生叫漢斯．塞利（Hans Selye），一次利用小白鼠做實驗，在牠們體內注射一種藥劑，結果小白鼠卻接連死亡。他很奇怪，因爲這種藥劑並不會毒死小白鼠。後來他發現，殺死小白鼠的，並非藥劑本身，而是注射的過程。如果太緊張，小白鼠會感受到巨大壓力，所以，牠們其實是死於免疫力下降帶來的疾病。

漢斯第一次意識到，除了毒藥，壓力也會傷人——哦，是傷鼠。於是繼續這個研究，他讓小白鼠在高壓力狀態下持續地游泳，不斷遭受電擊。幾週後，漢斯觀察到那些可憐的小傢伙都患上類似的病症，有一些是胃潰瘍，有一些是心血管病。這些看不見的壓力，竟然造成了致命傷害。最後他提出一個觀點：壓力本身產生的傷害，和眞正的疾病、毒素一樣強大。」

胖子說著看了王鵬一眼。王鵬愛聽故事，尤其此刻，聽到和工作無關的故事簡直是解脫。不過聽到小白鼠的胃潰瘍和心血管疾病，他自己背上忍不住一涼，像是醫生的針頭戳到了自己似的。

「關於壓力的研究從此展開，如今已經發展出一套完整的理論，從醫學、心理治療到腦科學。漢斯·賽爾也因此被尊稱爲壓力之父。到了現在，科學家已經得出了很多共識。比如說，這個彈簧模型。」

胖子說著，在紙上畫了一個彈簧，上面頂著一堆木塊。

「每個人的身心就像這個彈簧。適度的壓力能夠穩定它，增加韌性，讓我們表現更

壓力管理

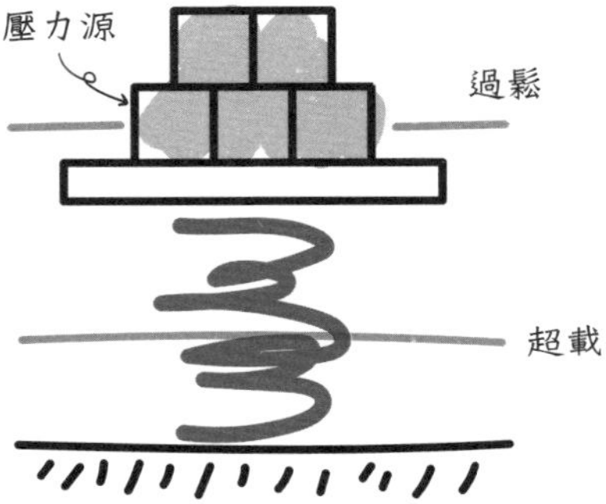

好。但是當壓力過度，彈簧就會永遠無法復原，就像實驗裡的小白鼠一樣，頭痛、失眠、肩膀痠痛，也像此刻的你。」說著，胖子看了一眼王鵬揉著太陽穴的手，王鵬苦笑著放下，「反映在心理狀態上，就是記憶力變差、情緒波動、容易產生攻擊性。」

這就是我啊。王鵬想。

胖子繼續做了一個用力下壓的手勢，「而且，如果這種狀況繼續下去，壓力無法消失，那麼彈簧就會永久變形。反映在身體上，會導致免疫力下降，身體會出現各種發炎症狀、容易過敏，甚至增加心血管疾病和腦梗塞的風險。」

王鵬心裡暗暗吃驚，他最近的確總是發生牙齦出血、胃疼等現象。過往他很少生病，最近半年，累了一段時間以後，只要一休息，就常常會發燒。太太還笑他是天選社畜，只有在工作時身體才不會出狀況。他還以爲只是年齡大了，現在想起來，也許和壓力導致的免疫力下降相關。

「那該怎麼辦呢？我手頭每件事都處在關鍵期，工作、家庭、學業，一個都不能搞砸啊。撐一下，可能明年就能輕鬆了。」

「撐一下就過去了，這種想法恰恰是持久壓力的源頭。」胖子搖頭，「你想想，撐過這一段，你的責任會是更大還是更小？事情更多還是更少？新創公司要求永續增長，你的壓力會更大還是更小？唯一能確定的，是你的彈簧彈性越來越疲乏。但你至少還要工作三十年，按照這個模式，你的彈簧一定會中途解體。」這話聽得王鵬心裡一驚。

「我不是詛咒你啊。職場精英突然大病一場、過勞死或心理崩潰的事，每天都發生，他們哪個不是人中龍鳳，哪個不是覺得撐一下就能熬過去，最後突然被擊潰的？你眞的得停下來好好想想。何況，你如果不主動調整，就憑這個狀態，現在都不一定熬得過去。」

王鵬點點頭，算是接受了這件事。也許，很多事不是一咬牙就能解決的，那究竟該怎麼辦呢？

11 管理壓力的四個步驟

「要讓彈簧恢復彈性，道理很簡單。第一步是辨別壓力，要明確知道究竟是什麼壓住它。第二步是調整應對模式，就是找出讓負重能更加平均的方法。第三步是增加彈簧的力量。最後一步，是挖掘動力，找到壓力背後的意義。回到壓力管理上來，先說說辨別壓力，探詢壓力源到底是什麼。

胖子指一指彈簧上的木塊，「現在你感受一下，你的壓力主要是來自哪些方面？常見的壓力來源有：身體、工作、學業、家庭、財務和人際關係。工作、學習和家庭當然是人際關係的延伸，但把人際關係單獨列出，是因爲這種壓力模式在不同場景下是相通的。如果十分是崩潰邊緣，你大概會給自己的每種壓力打幾分呢？」

王鵬大概打了分數如下：工作壓力六分，因爲事情的確很多；學業壓力五分，目前就快要論文答辯了；家庭壓力四分，孩子很想爸爸，但自己沒辦法時常陪伴，他有點內疚；經濟壓力五分，家中的經濟大旗一直是由他來扛。而讓他吃驚的是，人際關係的壓力竟然有九分！往下細想，原來他最大的壓力來源，不是具體事項，而是兩段人際關係。

一是王鵬要求自己必須快速成功，因爲他需要對跟著自己的兄弟們負責，當初他們可是放棄了大公司的薪資，跟著自己來到這裡的。爲了打動他們，王鵬也描繪了不少美麗願景。但創業就是九死一生，撐過去了還好，一旦撐不過去，團隊不僅必須縮減人力，甚至解散。他轉做專案經理，還算有其他出路，但是兄弟們的際遇就會差很多。他不能對不起這些人。

二是王鵬和丈母娘的關係。王鵬想了半天後，把這部分壓力歸類到「人際」而非「家庭」。雖然丈母娘幫了很多忙，但老人家的生活習慣跟他們相差很多。早上一旦發出任何動靜，丈母娘就睡不著覺，王鵬早起上班，就連洗臉、刷牙都提心吊膽。

再來是廚房油煙大，抽油煙機也有點吵，丈母娘要求廚房的門進出都得隨手關上。一次王鵬雙手都得端菜，只好用腳關門，「砰」的一聲，丈母娘勃然大怒，說王鵬是摔門給她看。幾次衝突下來，王鵬其實也都默默地忍讓。只是他回家的時間越拖越晚，陪小孩的時間也越來越少了。

當然，畢業論文在即和工作的壓力也很大，但這兩段人際關係似乎更加困擾著王鵬。

「你是個好人啊，王鵬。」胖子聽聞這個答案，搖搖頭，「好人不是誇你。好人容易承擔更多人際壓力。在一個系統裡，最高的彈簧最先被壓垮。這就跟兩個人一起搬瓦斯上樓，用力多的人最累，何況他還是個好人，還不敢放下。」

「這就叫好人不長命，禍害遺千年。」胖子感嘆，「所以，你身為一個好人，更得懂如何應對壓力。來，接下來我們聊聊第二步，**壓力應對**——你的壓力這麼多，平時是怎麼應對的呢？」

「壓力來了，不就是頂著就好嗎？」王鵬邊說邊揉著太陽穴。

「也就是你只有千斤頂這個模式對吧？但大哥，別忘了你是根彈簧啊。」氣氛稍微緩和些，胖子又開始「爛梗王」附體，「人通常會有許多壓力應對模式，最原始的模式，就是『戰』或『逃』。先說『戰』，這就包括你說的，靠頂住戰勝困難。但有時候你戰勝不了困難，就會開始戰勝別人——比如說你不敢頂撞主管，回頭就罵下屬；下屬不敢反駁你，只好回家和太太吵架；太太對孩子發火；孩子不敢頂嘴，就轉頭踢貓；貓不開心，就抓你幾下……處於高壓狀態的人，容易產生攻擊性。」

王鵬想到，難怪自己那天無緣無故把下屬罵了一頓，原來並不是自己莫名其妙，而是壓力作祟。

「另一種模式，是『逃』，就是放棄擺爛。動物受到驚嚇，會倒地裝死，這是一種應對模式。人類其實也會裝死——比如不斷地拖延，其實就是潛意識的逃。最近流行的躺平，是深度的逃。現在連小學生都開始沉迷串珠子手鍊了，可見他們壓力也不小。」

其實，我一直都在應對壓力，只不過在用糟糕又被動的方式，王鵬想。

「不過，我們畢竟是人啊，在戰和逃之間，應該還有更多的應對方式。這就要說到第三步，**增加彈簧的力量**。基本上分成三大類。首先是釋放壓力，運動、冥想、健身、走入大自然，都會很有效地釋放壓力。像你這種壓力大的人，即使是爲了保持效率，也應該抽出時間運動，逼自己每日堅持，短期內會幫你釋放很多壓力。慢慢形成運動習慣後，你的壓力彈簧韌性就會更強，有更好的壓力適應性。

第二是減少壓力源。如果你的人際關係壓力大，『逃』也許不一定是壞事，適度的放鬆會讓你有回彈的機會。如果工作、學業的壓力過大，你可以適度降低對自己的自我要求，將不必要的事往推後遲一點。如果經濟壓力大，可以靠節流減輕負擔。至於你那丈母娘的話……」

「也許我可以在週末的時候，單獨帶太太孩子出去玩，甚至可以在外面住一晚。一週只要有一天的小家庭時光，我就能回彈。」

「這是個不錯的想法，我就是這個意思。」胖子說。

「最後，也是最重要的降低壓力方式，是第三種方法：**認知調整，也叫作『拔出第二支箭』**。」

「第二支箭？這是什麼？」

「這是個佛學故事。一個人被一支箭射中，這本來就已經很痛了。但他卻還開始想：箭誰射的？爲什麼要射我？他憑什麼射我？萬一我死了怎麼辦？萬一我很痛卻死不了怎麼辦？要是我死了孩子該怎麼辦？……這些層出不窮的負面想法就是第二支箭。

第一支箭，代表現實的壓力，也就是生活裡不可避免的不如意。但第二支箭，代表你腦子裡的災難化想像。第一支箭是物理攻擊，第二支箭就是魔法攻擊，而大部分人都死於第二支箭。你曾把箭射向自己過嗎？」

王鵬想起來一件事。他剛到這間公司的時候，第一次上臺對全體員工演講，為了要讓大家留個好印象，還寫了逐字稿。但他還是有點緊張，一上臺就講漏了一句。就是這一句的差異讓王鵬開始崩潰，他腦子裡不斷浮現糟糕念頭：「完了，漏了一句該怎麼辦？大家會不會笑我？如果大家看不起我，以後怎麼合作？如果合作不成，公司就要倒了，我以後該怎麼辦？」

等他糊里糊塗地唸完講稿，發現自己已經腦補到喪心病狂的階段：「如果我混得不好，女兒長大被同學欺負，該怎麼辦？」彷彿麥克風靠近音響發出的嘯叫，這些聲音越放越大，直到淹沒自己。

其實，等眞的融入了團隊後，王鵬發現自己的擔心純粹是多餘的。又不是所有人都會在意一個新人的自我介紹，那天很多人都想著自己的事、放空或玩手機。少數有在聽的幾個人，也完全沒有留意他少說了一句，畢竟，只有王鵬自己有逐字稿啊！

這樣的事當然不只一件！對於喜歡規劃的王鵬，這樣的事簡直每天都在發生。

胖子聽完，帶著詭異的微笑說：「就是這樣，**大部分人都不是死於第一支箭，而是死於第二支箭。不，他們簡直死於萬箭穿心。**」

王鵬問：「爲什麼會這樣啊？我確實有這個毛病，而且我對自己的現況很不滿意。比如，有一次……」

「停！」胖子突然做了一個Stop的手勢，打斷王鵬的話。「你剛才說什麼來著？我指上一句。」

「我對自己很不滿意啊。」

「是的，答案就在這句話裡。」

12 拔出第二支箭

胖子逐字逐句地說：「答案就在『我對自己很不滿意』。」

「你有想過嗎?這句話裡藏著兩個『自己』。一個是『自己』，另一個是那個對自己不滿意的『我』。那麼，哪一個才是眞正的自己呢?」

王鵬愣住。沉思幾秒鐘後回答，「是那個『表示不滿意的我』，更像自己。但，那個讓自己不滿意的『我』，又是誰呢?」

「有趣吧，這裡有機鋒。」胖子說，「心理學認為，我們腦子裡，有一個『思維的我』，還有一個『後設認知的我』，後者是會不斷觀察自己思維、反思自己起心動念的存在。不同的宗教、哲學體系都提到過這個現象——人類有一種可以自己觀察、校準自己思維的能力。佛陀稱之爲『般若』、『開悟』，王陽明稱之爲『良知』，《非暴力溝通》

的作者甚至認爲，人類最高的智慧，就是『不帶偏見的觀察』。我們不說得那麼玄妙，只要知道這就是後設認知——一種對自我認知的認知。

從後設認知的角度來看，思維的我具備很多特性。因爲它負責規劃、思考，因此必須顯得全知全能。很多人說能記得自己小時候的事，但實際求證後，卻發現這只是媽媽編造出來的故事。其實，人類的很多記憶都只是思維的我所編出的故事——即便我們不記得，它也會爲了彰顯自己的全知全能，於是編造出符合邏輯的故事給你。」

王鵬回憶起高中解題時常用的「倒推法」，比如「如何證明A角是直角」，他完全不知道方法，只好按照結論往回推，胡亂寫幾步，偶爾還能賺到一點分數。這大概就是思維的我每天的工作吧——沒道理也要硬編一個出來給你看。

「對對對，這也是弗洛伊德的發現。他曾催眠一位受試者，讓對方在無意識狀態下拿著雨傘進房間，接著問他爲什麼拿著雨傘。你猜他會怎麼解釋？」

「這個實驗我看過，那人會找各種理由——說是怕下雨，或者當拐杖用——就是不肯承認自己不知道。難道思維的我眞有這麼不可靠嗎？」王鵬向來對自己的理性引以爲豪，這下不免感到驚訝。

「不能說不可靠。思維的我是很厲害的。就是靠這種特性，讓人類能規劃、推理、登上月球……也帶來戰爭、剝削與控制。它很厲害，但在應對壓力時卻有其局限，尤其在『第二支箭』上。」

以壓力爲例，當壓力來襲，思維的我無法精確預測未來，只能從大腦中搜索類似事件的記憶，再拼湊出一個未來藍圖告訴你：這就是即將發生的事。例如，你剛才提到的演講恐懼症狀，或許就是童年演講時被嘲笑的回憶，加上新人入職的窘迫，再夾雜些電視劇的家破人亡橋段。實際上，當下並沒有人在意，更沒人知道你漏了哪一句。

所以，眞正的問題並非苦難或苦難帶來的感受，而是你如何應對這種感受。壓力下思維的我，是個恐怖片導演。他會不斷剪輯、放映恐怖片給你看，讓你壓力倍增，最終自己把自己壓垮。」

「那我要怎麼打破這個循環？」

「醒來。」

「醒來？」

「對，打開燈，跳出夢境。」

當你在夢中，掐自己一把不痛時，就能意識到此刻身在夢境，因爲感知繞過了思維，無法假冒眞實。當思維爲你放映恐怖片時，你可以開始覺察，比如數一下自己的呼吸、心跳，或專注自己右腳第二根腳趾的感覺……這些都是甦醒的方式，當下的感知就像開關，能讓你跳出思維的框架。」

總之，當你後設認知的我，意識到自己在恐怖片裡面，這些不過是思維編織出的幻想，你就會停止過度思慮，重新回到當下。第一支箭的確依然存在——你就是忘詞了，但是第二支箭就消失了——忘就忘了，沒什麼大事。」

「這是不是就是《心經》裡講的，『遠離顚倒夢想，究竟涅槃』？」

「對對對，就是這樣。你說得比我高明多了。」胖子說。

「不不不，是我總習慣掉書袋。《心經》我讀了很多年，其實早已倒背如流，卻直到今天才明白箇中眞意。」王鵬長長呼出一口氣，感嘆道，「我太依賴理性，讀完就以爲懂了，懂了就以爲做到了。其實自己什麼都不懂，每天還在被自己折磨。這一點，我也對自己很不滿意。不過，今天既然你幫我看見了，我就能駕馭自己，改善自己。」

王鵬心情好了許多，並決定明天開始，空出時間來運動，週末則空出自己的家庭時間，上班的時候也不再苛求自己做到完美。

不完美你也就認了，可別再對自己射箭！生活已經夠苦了，何苦再插自己一刀呢？

胖子似乎看穿了他的心思，又提出了小挑戰：「所以，如果這些兄弟們的期待讓你有這麼大的壓力，那麼你願不願意坦然面對，和他們聊一聊：並分辨什麼是第一支箭，什麼是你腦補的第二支箭？什麼是眞相，什麼是幻覺？眞實地聊完，也許你會發現，即使你搞砸了，別人的生活也不會因此崩塌，不需要你這麼過度負責。再說，人家可能老早就想好了退路，甚至是爲了支持你才留下的，你得相信，每個人都能爲自己負責，也都有過好自己生活的能力。你願意試試看嗎？」

王鵬沉默了半分鐘後，堅定地點了點頭。「剛才你說的話讓我腦中又閃現出恐怖片畫面——他們會不會發現我對一切都沒把握，因而失去信任，決定離開專案小組，公司會不會因此倒閉？但我提醒自己，這些都只是想像，信任並不會因一次溝通就瓦解；若如此，那信任也太脆弱了。總之，痛苦的眞相也比虛幻的恐懼要好，何況眞相往往並不像我們所想的那麼可怕。」

「說得好，我們如果太依賴思維，就容易被思維綁架，但你現在已經可以駕馭負面思維了。不過，這是針對第二支箭的處理方法。接下來，讓我教你第四步：也就是終極祕技——如何拔出第一支箭。」

「第一支箭也可以拔掉嗎？」

「當然。」

13 你是糞坑裡的007嗎？

「在講方法之前，先聽個故事吧，但請你一定要認眞聽，因爲過程中我會隨時停下來，問你要怎麼選擇接下來的路。這個故事的名字是『糞坑裡的007』。」

胖子說著，打開手機播放出節奏緊張的《不可能的任務》配樂，讓王鵬頓時進入了故事氛圍裡。

「假設你是007，在平安夜十一點三十五分，你身穿最好的禮服，端起一杯搖勻的馬丁尼，坐在上好的皮質沙發上，房間裡放著〈聖母頌〉，壁爐中的火焰劈啪輕響，你正和一位金髮美女喝酒，等待午夜十二點的到來。這時，電話響了，你接了起來。因爲訊號不好，你走到門口接聽，卻發現一輛車直奔你而來，車窗裡伸出一把三挺機關槍向你掃射。你想迅速返回安全地帶，卻發現門打不開了，這時候，你會選擇跑還是站著不動？」

「跑，往前跑。」王鵬說。

「於是你快速地往前跑，一陣狂奔後，車也追了上來。你跑著跑著進入一條小巷子，發現自己被逼進死巷裡，眼看車就要追上來。這時你發現巷尾有一扇門，你會不會進去？」

「當然進去。」

「然後你衝了進去，發現門後是一棟屋子，沒有其他任何出口。這時你突然發現，地面上蓋著可掀式木板，掀開後發現下面是一個洞，你透過燈光往裡一看，竟然是齊腰深的糞水，臭氣撲鼻。此時，你耳邊已隱約聽到追趕的腳步聲，你跳還是不跳？」

「呃……跳。」王鵬咬咬牙。

「007跳進去後，從下方把蓋子輕輕地歸位，並屏住呼吸聽上面的腳步聲。在一陣混亂以後，耳邊的腳步聲終於漸遠。你這才鬆了一口氣。

你抬手看看手錶，現在正好是十二點了。於是，你，英俊瀟灑的007，剛剛坐在溫暖的房間裡端著酒杯與美人作伴的007，現在站在了齊腰深的糞坑中，周圍是蒼蠅和臭味，全身濕透，冷得要死。但是你撿回了一條命……」

胖子突然停下來，按停音樂，問王鵬：「這時候，如果你是007，你會怎麼說呢？

你會說，『我的天，要死了』，還是，『哈，眞幸運』？」

王鵬沉默了一會，說：「我會說，我眞幸運。如果不是有個糞坑，我早就死了。」

「那他會後悔嗎？後悔自己不應該打開門接電話。」

「也不會，因爲當時他並不知道未來。人不應該對不知道的東西後悔。」

「那你說，007是自己『選擇』跳進糞坑的，還是『不得不』跳進去的？」

「是不得不的選擇，因爲沒有別的更好的選擇了……」

王鵬下意識回答，但他馬上感到有點不對勁，似乎被胖子引導了什麼，王鵬不喜歡這種感覺。

他皺著眉頭問：「胖子，你是想說，我們是因爲環境所迫、認知所限，做出很多不得不的選擇，人生很無奈，但一切都是最好的選擇，是嗎？這個道理都講到爛掉了，但是和抗壓有什麼關係呢？」

「老生常談的道理，不代表你眞的理解。因爲你並沒有發自內心地接受這個選擇的『好』。你想過爲什麼糞坑裡的007會笑嗎？他不覺得自己無奈，因爲他知道，敵人他沒得選，巷子他沒得選，糞坑他沒得選，但他可以選擇跑不跑、跳不跳。而他每一次都選擇了之於自己最正確、最重要的事物——勇氣和生命。」

「甚至他也不會責怪自己，明明以前背過特工手冊裡不要出門接電話的規定，但這次卻忘記了。因爲忘了就是忘了，下次記得就好。他沒有背負第二支箭的重擔。」

王鵬有點領悟了。

「是的，007知道，『如果當時……』是人生最大的謊言。如果沒開門，我就能在房間裡吃火雞。但那只是幻象，根本不存在這樣的世界。如果一個特工總是這樣想，那他也就無法做特工，無法漂亮地即時反應了。這些想法，007都沒有。所以當十二點鐘聲響起時，007非常開心，因爲自己活了下來。他甚至非常感恩小巷，感恩糞坑，他在糞坑裡大笑，是因爲他守護住了自己最重要的事物。」

胖子講到這裡，把手放在胸口前，一字一句道：「這就是心的力量。」

「現在，王鵬，你，這名隸屬自己人生的特工。你正陷在一個糞坑裡，創業、學業、家庭、經濟、人際……這些都讓你壓力山大。你是怎麼看待人生這個糞坑呢？你敢不敢玩一場007遊戲？接下來，我問你答。你不需要解釋爲什麼，只要快速回答問題就好。」

王鵬點點頭，胖子按下音樂，王鵬的007遊戲開始了。

「你說創業不得不每天應付很多事，不得不和同事溝通，那如果你不這樣做，會怎麼樣呢？」

「公司的項目也許會告吹。」

「如果公司因此不得不解散了，會怎樣？」

「我既沒辦法和合夥人、股東交代，也沒辦法和兄弟們交代。收入也會銳減。」

「如果這一切也發生了，那又會怎麼樣？」

「我可能會在三十五歲時被年輕人淘汰。當然，我會去找工作，但是只能跳到更小的公司裡去。因爲管理經驗不足，也不會有人找我帶團隊或合夥創業。運氣好，我就能一直待在小公司；運氣不好，可能就會失業了。總之，路會越走越窄。」

「那如果你眞的把路越走越窄，那又會怎樣？」

「如果實在混不下去，我只能回老家了，找個閒職，偶爾接案。但這樣我太太也會跟著我一起回老家。也許我的孩子，還需要重走一遍我走過的路。」

「如果你眞的回老家，靠接案過日子，那又會怎樣？」

「我會變成一個一眼能看到人生盡頭的人，」王鵬搖頭，「那就是我離開老家的原因。

當年我離開，就是希望視野能更開闊，看看自己能走到哪裡，能夠發揮多大的價值。」

最後，胖子的語氣像魔法師一樣輕柔，「如果你變成一個一眼看到人生盡頭的人，那會怎麼樣？」

「那我會覺得人生毫無意義。」王鵬講出這幾個字後，自己把自己嚇一跳。

「所以，你一直要躲避的，是一眼到頭的人生。而你在每個選擇裡保護的，是人生的可能性——看看自己能走到哪裡，看看自己到底能發揮什麼價值。是嗎？」

聽到這句話，王鵬的心裡一動，他心跳開始加速，臉也紅了起來，血液在他身體裡有力量地湧動。他突然理解了許多，自己爲什麼一直好奇各種事情，爲什麼一定要離開老家，爲什麼鬼使神差走進咖啡館，爲什麼受到創業邀請會無法抗拒……

將這些人生節點連接起來後，一股很深很深的力量感，突然從小腹湧現出來，這股力量撫平他難受的胃部，溫暖地漫過胸口，升到頭頂。

他聽到自己很確信的聲音：「是的，我一直在追尋人生的可能。」

而他也聽到胖子的聲音：「這，就是你的初心，你在體驗的，就是心的力量。」

以前老聽企業家講要找到初心，王鵬總覺得特別空泛。而今這個初心，竟然如此眞切地在他胸膛跳動。

胖子的話繼續傳來，「每個苦苦堅持的不得不，都藏著巨大的初心。從理性來看，這件事這麼難、這麼苦，爲什麼你還要去做？因爲背後有更強大的心的力量。我們看生活，總先看到它不得不的部分，卻常常看不到，在這麼多的限制之下，我們閃閃發光的這顆初心；也看不到，這個看似糟糕的現狀，其實是你一次次地，在初心之下做的最佳選擇。你覺得看到『可能性』是你最重要的事。這不就是支持你走出那個小鎮，走到今天這個位置的力量嗎？那今天，你是否還有這個勇氣，繼續讓自己走下去？」

王鵬熱淚盈眶。生命的畫面一頁頁閃回，他看到自己到縣城讀中學成爲住校生時，每個孤獨輾轉的晚上；看到自己考大學前幾個月的挑燈夜戰；看到考上大學時，爸媽端起酒杯向親戚敬酒的自豪；看到自己剛剛畢業，擠在地下室奮力學習程式設計的背影；他也看到自己一行行地寫 code，一個個地做專案，一次次地晚上和同事們吃宵夜聊天。

過去，他印象裡只有那些難關，他告訴自己，因爲已經吃過了很多苦，現在千萬不能倒下。但此刻，他第一次看到，這些難關背後，這些故事背後，竟然還有一個自己。那個幼稚又堅定的自己，那個一次次挫敗又一次次把自己撈回來的自己，那個走在暗夜裡，但一直向光而行的自己。此刻，他無比感謝這個自己，想抱抱自己，即使在糞坑裡，他也想跪下感謝世界。

這一幕幕浮現上來，他知道，自己正走在應該走的路上，這條路能通向哪裡，甚至自己能不能抵達目標，似乎都變得不重要了。

胖子說得對，當一個人知道了為何，他就能承受一切如何。我們不害怕苦難，我們害怕苦得沒有意義。我們不怕難，怕難得沒有價值。這是我們壓力彈簧最核心的力量。

許久，王鵬定下心神，對胖子說：「剛才聽你說了這番話，我想起了很多事。我的家庭環境並不好，但我的爸媽本來可以選擇將更多心力投注在工作中，卻選擇了全心陪伴我、給我很多的愛；他們本來可以過得好一些，卻選擇了節衣縮食供我上大學；我的太太，她當時有很多優秀的追求者，但卻選擇了和我結婚。這一路上，我自己也做了很多很多的選擇。我選擇離開家鄉，選擇從頭學程式設計，選擇從螺絲釘一步步走到管理者，選擇獨自出來創業……在那天晚上遇到你，雖然你說了很多管用的話，對我很有幫助，但最後走出這一步，也是我自己的選擇。所以，我既然選擇了走更難的路，就要同時接納它不好的部分。」

胖子以一種非常欣賞的眼神，看著「糞坑」裡的王鵬，他調皮地擺擺手：「不過，這個遊戲，其實不是『007遊戲』，而叫作『初心遊戲』。當糞坑裡的007找到初心，他會仰望星空，好好設計自己出去以後的未來。而當人們找到初心，我也會再問一句：如果你就是一個好奇自己能走多遠，希望把自身價值發揮到最大的人，面對今天的困境，你會如何創造更好的選擇呢？」

一段漫長而美好的沉默。

過去，王鵬低頭想到工作和管理，腦子裡總蹦出工作中的煩心畫面，心力交瘁，讓人不想多看。但此刻，王鵬卻充滿力量，抬頭想去，腦子裡的畫面似乎全部明亮起來，新鮮的想法像火花一樣劈啪作響。

「我接受這個選擇不是個完美選擇，但卻是我當下的最好選擇。我會選擇認眞處理好一切。當我要與人衝突時，我會停止抱怨，先不去分析對錯立場，而是去思考如何更好地合作，因爲這也是人生的更好可能。當我疲勞時，我會告訴自己，我不是要學會放棄，而是要學會休息，我可以休息一下再做。而我必須掌握這個能力，必須闖過這一關，因爲這一關會爲我創造更多的可能。我還想看更大的世界。我相信，當我看到更多的可能，我會做出更好的選擇。」

胖子不說話，讓這位007，和自己生命的畫面再待一會兒。

過了一會兒，王鵬問：「這個初心遊戲好有力量，我也想帶我的團隊一起玩。但我又害怕，有沒有人會在完成初心遊戲之後，發現自己其實做錯了選擇呢？」

「當然有，也有一些堅持多年的不得不，但深掘到最後，卻發現自己沒有初心，只有執念。但這也是彼此放生啊，你無法帶一個不想走的人走太遠。我就認識一個人，玩了初心遊戲後，發現自己當年入行，只是爲了賺錢，讓自己有更多的體驗，更加自由。但他發現，自由這事很簡單啊，不需要那麼多錢。於是他放棄了百萬年薪，騎車環遊世界，和那些丟掉初心的人玩遊戲。」

「這人是你嗎？」王鵬問。

胖子笑而不答，只是遞了一張打折卡給王鵬。「你不是希望帶朋友一起玩初心遊戲嗎？這就是攻略。歡迎下次再來！」

走的時候，王鵬一蹦一跳，像根被修復完成的彈簧。

覺醒卡・心力提升

- 壓力如毒藥，會造成生理疾病和心理傷害。
- 識別壓力源—調整應對方式—增加力量—找到動力，是壓力管理的四個步驟。
- 以下是應對壓力的好方式：增加韌性（運動、冥想、大自然），減少壓力源，調整心智模式。
- 其實大部分人不是被第一支箭射死，而是被第二支箭射到萬箭穿心。
- 「如果……就好了」是人生最大的謊言。
- 所有的「不得不堅持」的背後，都蘊藏著巨大的初心。
- 找到初心：我們不害怕苦難，我們害怕苦得沒有意義。我們不怕難，怕難得沒有價值。

↘ 實際行動

（1）你的壓力大嗎？統整一下自己有哪些壓力來源？

（2）你最常用的壓力應對模式有哪些？

（3）你願不願意為自己玩一場初心遊戲？

完成上述任意一項任務，可免費獲得「可以不上班」咖啡一杯。
有效期 15 天。店主胖子擁有一切解釋權。

初心遊戲練習卡

找到最近你最難受，但是又不得不持續做的事。可以是工作、生活、人際關係裡的任何事。

不用描述，只是不斷地提問：如果你不做這件事（A），更糟糕的／不想看到它發生的事（B），會是什麼呢？

記錄下這個問題的答案，繼續問，如果不做B，更糟糕的C是什麼呢？以此類推。

有什麼不得不的？

如果不做A，更糟糕的B是什麼呢？如果不做B，更糟糕的C是什麼呢？

……

從「不得不事件」一直推斷到A—B—C……直到發現最寶貴的東西。

對事件的描述慢慢會變成某種「生命狀態」或「身分」，比如「我覺得人生的本質就是不斷地體驗、思考和分享，成為一個智慧的人」。不斷繼續追問「為什麼」，直到答案是「不為什麼，就是這樣」，那就是一個人的初心。

tips

當一個人找到並講出初心的時候，整個人是興奮而有力量的。不管自己或對方說出什麼，都不要說出任何評價，包括在心裡。

14 一條叫自由的魚

中午十一點，私奔群組開始有人陸續發言。

「博士，我回來啦！要不要出來吃飯？」

「妳不是在大理嗎？」

「對啊，我回來了，哈哈，收穫滿滿。」

「我現在的公司距離那有點遠，抵達那得晚上九點半，我們不見不散。」

晚上九點半，王鵬和天藍來到不上班咖啡館。今天的咖啡館有點奇怪，燈倒是都開著，音響放著張雨生的專輯《一天到晚游泳的魚》，但是櫃檯後沒有人，天藍摸摸咖啡機，還是熱的。這時她看到櫃檯上放著胖子寫的紙條：

老闆出門兜風，客人隨便發瘋。

字條翻過來，還有一條小魚，下面有一行字：

如果替這條魚命名，你會叫牠什麼魚？

天藍拿給王鵬看，王鵬也不知道是什麼意思。

這個古靈精怪的胖子！

天藍在大理學會了煮咖啡，正好露一手。她忙碌了一陣後，端上來兩杯咖啡。

王鵬端過來喝了一口：「味道不錯！仙兒，妳怎麼回來了？」

「我決定回來了。我找到了自己身爲自由工作者想做的事！我想用文字療癒的方式，引導人們如何緩解壓力，找到自己。而且，我的老本行不是運營嘛，高階課程裡，我會教大家如何用運營的方式，經營好自己的人生。

剛開始，我也是戰戰兢兢的，不敢收費，所以第一期是免費的，結果效果非常好！我覺得自己是個『建築師』啦。我訂了一個合適的價格，靠著教課的收入已漸漸能養活自己，我也在不斷地改進訓練營內容。後來流程越跑越順，我又開始經營起帳號、擴大招生，也就忙了起來。我很享受這個過程。」天藍一邊喝咖啡一邊說。

「這個方向很不錯，連我都很好奇。我也要報妳這門課。」王鵬說。

「是吧！」天藍很得意，但馬上話鋒一轉，「我原本準備一直在大理住下去，但是，有一天，一名客戶的話徹底改變了我。她私訊我說：『天藍，妳講的東西都很好，但就是有點脫離現實。妳像一隻在天上飛來飛去的天鵝，的確很美很輕盈。可是我的腳是踩在泥巴裡的，儘管我羨慕妳，卻不覺得妳會懂我。』看到這段話突然覺得，只有更接近用戶，才能理解他們的苦難。一個在大理天天喝咖啡看洱海的人，無法眞正幫助到活在職場裡感到痛苦的人。我統整了一下，我的客戶還都在大城市，而且合作推流[11]和運營的夥伴，很多都在北京。所以我想，爲什麼不回來呢？」

「所以妳就馬上回來了，對吧？」王鵬深知天藍是那種手腳動得比腦子還快的人，這一點他一直很羨慕。

「沒錯！」天藍微微低頭，右手展開，做了一個謝幕的姿勢，「所以，老娘我回來

11 編註：推流是一種運用在網路直播的技術，指將本地的音訊和影片數據透過特定的協議傳輸到直播伺服器的過程，是實現直播的關鍵步驟。

啦！」她講完，自己呵呵笑起來。

「不過王鵬，我這次回來還有一個困惑，就是關於團隊管理，我們很多時候都是線上合作，這該該怎麼分工，怎麼分錢，怎麼監督啊？你不是成爲聯合創始人了嗎，所以我第一個想到你，就過來找你取經啦。」

「不敢、不敢，」王鵬連忙擺手，「不過，技術人員轉管理，的確是個坎。妳是不是遇到這些問題？」王鵬在一張餐巾紙寫下了四個詞：救火、被動、清高、技術崇拜。

一小時後，王鵬詳細地爲天藍講解了該如何從專業轉到管理，如何應對壓力，如何拔出自己的第二支箭。他還和天藍玩了初心遊戲，提問時，他又再次感到初心的力量。

「太厲害了！我都不認識你了，博士！」天藍跳起來，拍王鵬肩膀，「這都是你想出來的？」

「不是、不是，這都是胖子教我的。」王鵬被說得臉都紅了，「我只是在自己身上實踐了一遍而已。

「不過，天藍，我也有事情要向妳請教。我們公司現在要進入一個全新領域，需要從零開始創造一個產品。我們只是小公司，資源很少，公司開了幾次會，都不知道怎麼從零到一。剛才妳說的從零到一打造產品的方式，正好是我需要的，妳能再說得詳細一些嗎？」

「哈哈，這些坑我也都踩過！」於是天藍把自己怎麼在大理四次突圍未果，又是怎麼遇到胖子，重新找到自己的定位，還有成爲專家的三個祕密都說了一遍。

最後，她吐吐舌頭，說：「多虧了胖子的小兄弟，讓胖子來到大理。他還跟我念叨說，煩惱是菩提，有困難就有緣分。」

兩個人講完，愣了一愣。胖子一直在他們身邊！

過了一會兒，王鵬突然想起來什麼，他猛地站起身，跑到櫃檯邊，拿到那張字條，指著小魚說：「我知道這條小魚是什麼意思了！妳看，我倆第一次來到不上班咖啡館，是在妳被裁員這天，我們都覺得未來失去了出路。這上面的線條是妳，下面的線條是我，這個魚尾巴的交接點，就是胖子的咖啡館！」

王鵬的手繼續順著線條往前移，「然後那天晚上，我們就分開了。妳去了大理，我留在公司，開始轉向專案管理。妳追尋自由，我尋求職業發展，我們兩個人越來越遠，似乎沒有交集了。這就是魚的中間狀態。」

天藍也突然明白了，「然後我們現在又重新聚集在這間咖啡館。這就是魚的嘴巴。胖子早就知道我們遲早會重新碰面，所以這裡放的專輯是《一天到晚游泳的魚》！」

「就是這樣！」王鵬說，「我們現在之所以能相互支持，是因爲我們本來就是同條魚的一體兩面。自由職業需要創新，創新後就需要管理增效。而我們管理ＳＯＰ走到一定階段，也面臨創新。我們合起來，才是一條完整的魚，一條可以游泳的魚。所以……」

他們兩個人同時說：「我們又見面了。」

王鵬說：「我想起金庸小說裡的一部武林祕笈，我們一個人拿到了《九陰眞經》，一個人拿到了《九陽眞經》，結果兩部書合在一起，才是天下最厲害的武功。」

天藍指著魚旁邊的幾條線說：「那這又是什麼意思？」

王鵬說：「我想，這意味著魚要一直往前游動。牠得是條一天到晚不能停止游動的魚。因爲胖子說……」

他們倆又異口同聲地說：「想都是問題，做才是答案。」

魚的謎題解開了，天藍問王鵬：「博士，胖子還有一個問題：『如果要爲這條魚命名，你會叫牠什麼魚？』你的答案是什麼？」

王鵬想了想：「我想我會叫牠『自由之魚』。」

天藍說：「我們竟然想得一樣。我也叫牠『自由之魚』。我現在自由自在，做的都是從自己生命裡長出來的事情。但爲什麼你也會覺得叫自由之魚呢？你活在每天都有很多約束的職場裡啊，規則、KPI……這些都讓人很不自由。」

王鵬說：「以前我也覺得，只有活得像妳這樣才算自由。不過我覺得現在的生活其實也是另一種自由。雖然職務、生活、客戶、家庭，每一個責任都讓我無法自由自在。但是，我找到了自己想要的東西，我每個時刻，都是真實地、自主地圍繞自己想要的方向去做選擇。為了我的初心，我樂意承擔這些。而且，我只要盡心去做，對結果也就不那麼在乎了，所以我的心很自由。」

天藍點頭：「經你這麼一說，我也對自由有了更深的感受，以前我總覺得，只有遠離職場，無拘無束，才是自由。但若完全沒有約束，自由也就沒有意義了，我並沒有因自由而快樂，自由也讓我四處碰壁。現在我倒是被很多事物約束，要按時上課、要按時發文。但是能在生命中創造一款產品，運用自己的經歷眞正地幫到人，正是這些事讓我和喜歡的人連結在一起。現在我還能和更多朋友一起做助人的事，我也感覺很自由。」

王鵬說：「或者，沒有約束的自由根本不存在。真正的自由，是面對選擇，忠於自己；面對未知，勇敢行動。這樣的人，不管在哪裡都有自由。」

那天晚上，他們又聊了很久。兩個相似的靈魂，走上了完全不同的道路，過著完全不同的人生，這天晚上，他們像活了兩輩子。

……

要離開了，胖子還沒有回來。天藍經過門口的留言板，想留個言給胖子。突然看到留言板上的一行字：請看右邊的 QR code，記得付款。

兩個人相視大笑。

他們隨後發現，在 QR code 下面，胖子還留給他們一張照片和一段話。

那是一張胖子在尼泊爾ＡＢＣ路線穿越中，拍到的珠峰日出。

某個陰冷的早上，我走在路上，雪山像遠古世界的巨人，帶著千億年的沉寂冷眼看著我。有那麼一瞬間，陽光突然就照上了山頂，千百個山峰，一起綻放金色的光。隨著太陽升起，這金色就往下流動。

就像一滴金黃色蜂蜜，從山頂上流淌下來。

那一瞬間，我呆在原地，一切的辛苦、競爭都忘在腦後。

人生就是有這樣的種種神祕瞬間，讓你忘記一切。王鵬、天藍啊，希望你們在競爭、價值、自由和初心的漫長旅途裡，也能有這樣的時刻。這是生命的精心時刻。

胖子老闆的咖啡手記

「送你一顆子彈」咖啡：冷萃咖啡

夏天裡流行的冷萃咖啡（Cold Brew Coffee），並非熱水手沖，幾秒出品，而是把咖啡粉直接放進冰水或者常溫水中，冰箱冷藏一夜，次日喝。冷萃咖啡看上去綿柔而好入口，但其實是咖啡因含量最高的一種。時間是冷萃口感滑順的祕密。專業人士的職業成長之路也是這樣，看似冷靜理性，其實蘊含著強大的力量。

「超級個體」咖啡： Dirty 咖啡

Dirty 咖啡在口感上是變化的，是由濃到淡，由深到淺。這種反差感是這款咖啡的魅力所在。在濃縮咖啡被逐漸稀釋的過程中，醇厚的甜逐漸變成清甜，微冰的牛奶滑過味蕾，口感乾淨清爽。從醇香到清甜，就像自由工作者不再只追逐絢爛，重新找回自己，關注他人，返璞歸真的過程。

如果你還記得小明喝的理想主義花朵「瑪奇朵」，你會很驚奇地發現， Dirty 咖啡是咖啡在上，牛奶在下，正好是瑪奇朵的反面。年輕人從理想走入現實，而中年人要從現實，回歸理想。

尾聲
咖啡館的告別晚會

今天週五，意外地不用加班。小明推掉同事們的火鍋局，準備回家通宵刷一波科幻劇《三體》。剛打開電腦，手機上一則訊息「叮咚」跳出來。

親愛的朋友們：

我深感遺憾地通知您，「不上班咖啡館」將於本月十五日永久關閉。我決定在本週六晚上十點，在CBD的一三七號一樓不上班咖啡館舉行一場告別晚會，作為與您最後的獨特回憶。在過去的日子裡，您的支持和友誼一直是我的動力。在此，我衷心邀請您參加這次晚會，與我共度這一特殊的時刻。期待在那一天能見到您。

誠摯的胖子

咖啡館不是消失了嗎？

但小明沒有猶豫太久，他查了一下第二天早上的飛機，儘管機票價格略貴，但他覺得值得。沒有胖子，他走不到今天。

週六晚上九點半，小明回到了熟悉的CBD，走過熟悉的天橋，河流依然奔騰不息。小明想起他曾站在這裡看著萬家燈火，想像會不會有一個自己的家。今天，他已經在另一個城市找到自己的方向，那座城市不像大海，而像山。

他邊走邊想，胖子過得好嗎？小黑還在嗎？這次見面，我一定要問問胖子，他到底是誰？以前是做什麼的？爲什麼要開這樣一家咖啡館？還有誰會到場？他們又都是什麼樣的人？想到這裡，小明加快了腳步，似乎害怕稍微晚一點，那家咖啡館又會像上一次一樣，消失無蹤。

來到最後一個角落，小明的心怦怦跳起來，他太害怕這只是一場惡作劇了。幸好轉角過後，他又看到了那家熟悉的咖啡館，招牌散發著令人安心的黃色暖光，似乎從未消失過。就是在對面的長椅上，他餵了小黑，轉身看見了胖子。

進門時，他左看右看，卻沒發現白色摩托車的影子。胖子也許還沒來。

推開門後，裡面的裝飾還是熟悉的老樣子，光滑的櫃檯，一樣的桌椅布置，一樣的壁畫，一樣的燈光。不過胖子不在。而咖啡館座位上，坐著三個人。其中一對男女看上去已經認識，正在小聲交談。而旁邊一名穿著藍色風衣的女生，正看著牆上一幅小熊騎摩托車的掛畫。

看見他來，他們都轉過來，看向門口。發現是一個年輕人，他們都有點失望。

「你們是……來參加告別晚會的？」小明問。三個人都點點頭。

「胖子呢？」大家又都搖搖頭。

小明關上門，走過門口的布告欄，瞥見上面頂著一個信封，信封上寫著：不上班咖啡館告別晚會十點正式開始，屆時請拆開這封信。

奇怪，剛才怎麼都沒人看見呢。

小明拿起這封信，招呼大家圍上來，輕聲地讀出這句話。那對男女中的女生，遞給他一杯咖啡。大家看完信封上的字後，都安靜下來。

他們看看手錶，還有三分鐘就到十點了。眾人屏氣凝神，而那封信在所有人的目光交會處，安靜地躺著，似乎會突然跳出來什麼驚人的祕密。

咚——咚——咚——牆上的鐘終於敲響了。他們一起打開信，小明讀了出來：

親愛的小明、木子、王鵬和天藍：

你們好啊！

我知道你們都會來的，我很想你們。

請原諒我的不辭而別。當你們看到這封信時，引擎已經發動，公路已經展開，我騎上了車，開始了新的探險。也許是另一個城市，也許是城市的另一個角落，我還不知道會開往哪裡。但是，生命如果不是一場冒險，那就什麼都不是！

謝謝你們對我的信任，把你們的一段生命交付給我，我們一起聊天，一起醒來，一起看到這個世界其實很大很大，人生有無限可能。而且這可能不在遠方，就在自己心裡。

我想邀請你們玩最後一場遊戲：請每個人都坐下來，講述一下自己與不上班咖啡館的故事，說說自己發生的改變，就從今晚衣服上有黑色元素的這個人開始吧。

你們所在的這家咖啡館，將於明天早上第一縷陽光照來時消失。所以，不用著急，我們還有一個很長的晚上可以玩這個遊戲。

這個遊戲過後，也許你會得出和我一樣的結論：雖然看上去，每個人都是一座座孤獨的火山，但在更深的底層，每個人都緊緊相連，流動著一樣的熔岩。每個人都只是同一個世界顯現自己的不同方式。

Speed Up！

你們的朋友　胖子

信末是咖啡館的那個熟悉的 LOGO，巨大的眼睛，看著自由車輪，帶著兩顆心，照向心裡。

「那我先來吧。」王鵬今天正好穿了一件黑色的 Polo 衫。

天藍撇撇嘴，「胖子還是這麼古靈精怪，我們試試看！我排他後面。」

木子微微一笑，「好，我當第三個。」

小明也笑起來，「的確是胖子的風格。那就開始吧。」

接下來的時間裡，他們開始輪流說起自己的故事。講自己是怎麼闖入這個咖啡館，講胖子對他們提的問題，講他們在各自生活裡的碰碰撞撞，講他們生活的轉機，講今天自己做的事，講明天的夢。

小明說他如何從公司和職位裡醒來，看到整個行業世界，找到定位。

木子說她是如何從角色裡醒來，開始做自己人生的導演。

王鵬講他如何從專業盲點裡醒來，理解了自己如何能眞正地創造價值。

天藍講她如何從自由的夢裡醒來，生長出自己的產品和人生。

奇怪的是，他們當中雖然有人互不相識，卻都對對方的故事心領神會。似乎是同一個靈魂，住在不同的身體裡，過著不同的生活——這是一場老朋友靈魂的重聚。他們理解了胖子的話，每個人看似孤獨，其實深深相連。他們似乎在各自突破自己的人生，追尋各自的真相，進入各自的未來。但當他們相互溝通，他們就在活出彼此的人生。也正是因爲這樣，他們從不同的地方、以不同的方式、在不同的人生裡，醒來。

最後，他們把話題轉到胖子和這家咖啡館。「爲什麼咖啡館總是晚上九點多開啊？」

「這個我知道！因爲胖子說過，上班族最清醒的時候，就是下班後。」小明說。

「你發現沒，爲什麼胖子總是問問題，但從來不幫我們出主意啊？」

「因爲，問題比答案重要啊，而答案在自己的心裡。我們既是自己人生的導演，也是自己人生的演員。我們要自己演繹出自己的生活。」木子說。

「你注意到了嗎，胖子的打折卡爲何有效期限只有十五天？」

「胖子說過，想都是問題，做才是答案。一件事十五天不做，你也就永遠不會做了，你就會永遠都喝不到下一杯咖啡。路不是想出來，而是走出來的。」王鵬說。

「唉，胖子走了，以後我們有問題，還能找誰呢？」

「過去的路裡，就有明天的路。未來的寶藏埋在過去的人生。和牧羊少年一樣，走到了世界的盡頭，發現寶藏其實就在身邊。」天藍說。

她又環顧周圍幾個人的眼睛，「何況現在，我們有好多寶藏了。」

最後有人問：「你們說，胖子是眞實存在的人嗎？」

大家都安靜了。

沉默了很久，王鵬說：「我看過一本書，講王陽明的心學，他說『本自具足，不假外求』。每個人的心裡，都有足夠的智慧和勇氣，幫我們自己走出困境。說不定，胖子就是我們心裡的自己呢？」

木子說：「每個人都是自己的導演，不過，導演也需要監製幫忙，我覺得胖子就是上天派來幫我拍好人生電影的監製。若世界上到處都有魔鬼，爲什麼不能有天使呢？」

小明說：「我不知道，不過我很想他。有一天，我也要成爲別人的胖子。」

大家又沉默了。最後，還是天藍打破沉默，她笑起來，像嘴裡咬了一線陽光：「你們想破腦袋去吧！！管他呢！反正我們也找不到他了。但我們找到了自己，找到了自己的路，還有了你、你、和你。這不是最眞實的嗎？」

是啊，畢竟，我們不準備成為胖子，我們只能成長為，自己的樣子。

〔跋〕

故事是苦難的溜滑梯

書看完了，還喜歡嗎？最後再說一個故事吧。

作家卡夫卡於四十一歲死於肺結核。在他生命最後的時光，有一天，他和女友一起在柏林的公園散步，卡夫卡看到一名小女孩在長椅上哭泣，她的眼淚像小河一樣流淌。

「妳爲什麼哭呢？」卡夫卡問。

「我的玩偶丟了。」

「妳的玩偶叫什麼名字？」

「西西（Soupy）。」

「妳呢？」

「我叫伊兒瑪（Irma）。」

卡夫卡和伊兒瑪一起找了很久的娃娃，還是找不到。

卡夫卡突然想起什麼，說：「天啊，是個叫西西的小娃娃嗎？她去旅行了，娃娃都喜歡這樣。我想起來她有一封信在我這，就在我上衣口袋裡，她請我明天拿過來給妳。」

「你是誰啊？爲什麼有西西的信？」

「我是一個郵差。」

第二天，郵差卡夫卡讀了西西的信給女孩聽：

伊兒瑪：

請原諒我的不辭而別。當單車駛過，車前的籃子空著，我來不及思考，就一下子跳了進去，妳知道的，像我一直想像的那樣——開始冒險。

一直把妳放在心裡的西西

第三天，西西到了倫敦，她喝了道地的早茶。第四天，她騎著駱駝穿過了廣闊的撒哈拉，然後是遙遠的印度、中國，她在死海裡游泳，攀登雄偉的喜馬拉雅山脈……每天，西西在全世界各地冒險。她每天寫信給伊兒瑪，不斷告訴伊兒瑪，自己有多想她，多感謝她給了自己自由。

郵差卡夫卡每天回到家，就伏案開始寫這些信，像他的文學創作一樣認真。這是他在病魔纏身的不多的日子裡，最重要的事。

這些信一共寫了三週，共二十封，卡夫卡知道，這個故事一定要完結了。

他讀了西西的最後一封信給小女孩聽。

嗨，伊兒瑪：

我加入了南極的探險隊，我的工作是拿著冰斧在船前面破冰，讓船能順利開過去。因為這個冒險又遙遠又艱難，我可能無法再寫信給妳了，所以這一封信，就是告別了。妳是個大膽又堅定的女孩，作為妳曾經最心愛的娃娃，我永遠自豪。

感謝妳給我自由和勇敢的西西

「所以，西西永遠不會回來了嗎？」伊兒瑪問。

「是的，探險意味著世界有很多偉大等著被發現。」卡夫卡說，「西西一定很感謝妳，給了她這種自由。」

小女孩沉默一會後，說：「我長大了，也要出去探險，像西西一樣。」

卡夫卡送給她一枝筆和一本筆記本，說：「妳也可以把它們記下來，這樣妳也可以寫信給全世界。」

這是發生在卡夫卡臨終前的眞實事件，他的女友朵拉記錄下了這一切。不過她並沒有留下手稿，這些信件就眞的給了那個小女孩。也因爲沒有眞實的信，卡夫卡迷們就改編出很多版本，而我獨愛這一版本，故事來自《卡夫卡說故事：娃娃旅行記》的繪本，是樂瑞莎．圖里和蕾貝卡．格林的作品。

在故事的結尾，卡夫卡沒有編造一個完滿的大團圓結局，而是讓娃娃參加了一場艱難而偉大的遠征，最終離開了小女孩，就像他們第一次在公園遇見那樣。

和心愛的事物告別，獨自面對危險的人生，是每個成年人都要經歷的事。故事沒有改變這個事實，卻把這個突然的墜落鋪墊成了溜滑梯。在善意鋪成的溜滑梯上，失去和成長不再可怕，甚至有些快樂和刺激。就像卡夫卡自己說的那樣：「並不是每個孩子都能勇敢又堅韌地探索世界，直到他們看到世界表面之下的善意。」

借著一個又一個故事的鋪墊，下落的重力變成了向前的衝力，昨日的失去變成了明日的追尋。伊兒瑪決定出發，像娃娃一樣，探索自己的世界。成長之痛，變成成長之夢，這就是故事的力量，也是古往今來，所有的神話和寓言一直在做的事。

這也是寫書或身爲諮詢師的本分。我們不能改變事實，但能改變看待事實的角度，發現這些事實背後的美好意義，讓我們從下墜，變成向前衝。這也是本書想做的努力。

上班、職涯瓶頸、帶小孩、成長……這些都是殘酷又艱難的，卻往往又是必要的。我想你也能猜到，這些故事來源於我身邊很多眞實的人，他們經歷了很多不易的事，而對於眞實生活裡，很多比書中人物更普通的人來說，這個變化更加不易，也更富有意義。

胖子作爲郵差，他無力改變這種殘酷，但他可以持續地講故事給大家聽，將一個個故事鋪墊成溜滑梯，讓那些下墜，轉變成向前衝的目標，變成勇氣。

嗨！這個世界有許多偉大的事情等著人們發現，希望你們能出發去自己的南極！別忘了帶上紙和筆，給這個世界寫信。

Speed Up！

參考資料

- 《中國人口普查年鑑-2020》：中國平均初婚年齡爲二十八．六七歲。
- 《刺胳針》（*The Lancet*）：至二〇三五年，中國居民預期壽命將達到八十一．三歲。
- 全職媽媽的家務統計，來自奧克利．安《看不見的女人》。
- 學員案例展示媽媽的時間管理方法和圖表，來自鄒鑫《小強升職記》。
- 不完美主義的部分觀點來自蓋斯．史蒂芬《不完美主義者》。
- Mainiero, L. A., & Sullivan, S. E. (2006). *The opt-out revolt: Why people are leaving corporations to create kaleidoscope careers.*
- Guzman Raya, N. *Normative model of women's brain drain to their homesMainiero, L. A., & Sullivan, S. E. (2005, 2006). Beta kaleidoscope career model*（《通用萬花筒模型的理論》）。
- Super, D. E. *Life-span, life-space approach to careers*（《人生不同階段的角色分配圖》），

生涯彩虹圖）。

- 何雨辰．（年不詳）．青年人的三十五歲危機是眞的嗎？北京大學社會研究中心博士研究生。
- AgeClub. (2022). 中國中老年消費洞察與產業研究報告 2022
- 成爲專家的五個階段，改編自 Russell Brunson *Expert Secrets* 。

高寶書版集團
gobooks.com.tw

NW 297
不上班咖啡館

作　　者　古　典
副 主 編　林子鈺
責任編輯　藍匀廷
封面設計　林政嘉
內頁排版　賴姵均
企　　劃　陳玟璇
版　　權　張莎凌

發 行 人　朱凱蕾
出　　版　英屬維京群島商高寶國際有限公司台灣分公司
　　　　　Global Group Holdings, Ltd.
地　　址　台北市內湖區洲子街88號3樓
網　　址　gobooks.com.tw
電　　話　(02) 27992788
電　　郵　readers@gobooks.com.tw（讀者服務部）
傳　　真　出版部(02) 27990909　行銷部 (02) 27993088
郵政劃撥　19394552
戶　　名　英屬維京群島商高寶國際有限公司台灣分公司
發　　行　英屬維京群島商高寶國際有限公司台灣分公司
法律顧問　永然聯合法律事務所
初版日期　2025年02月

國家圖書館出版品預行編目(CIP)資料

不上班咖啡館 / 古典著. -- 初版. -- 臺北市：英屬維京群島商高寶國際有限公司臺灣分公司, 2025.02
面；　公分. -- (新視野 New Window ; 297)

ISBN 978-626-402-164-7(平裝)

1.CST: 職場成功法　2.CST: 通俗作品

494.35　　113020218